爱上数学

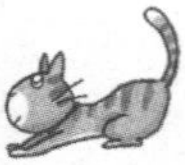

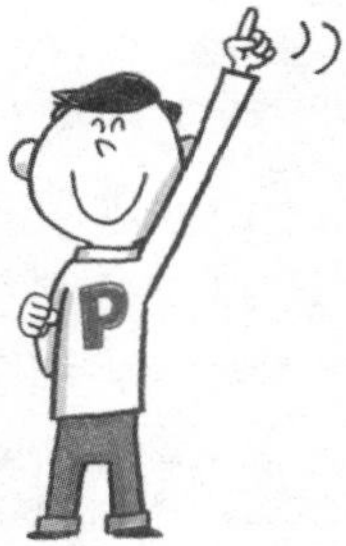

儿童思考力训练

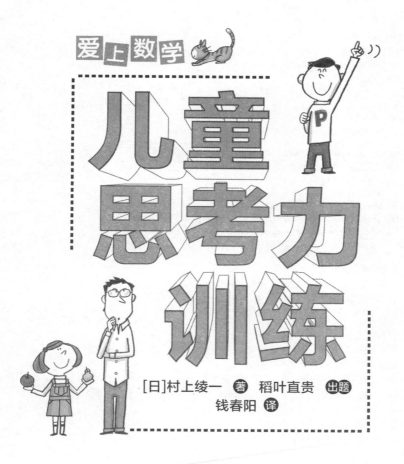

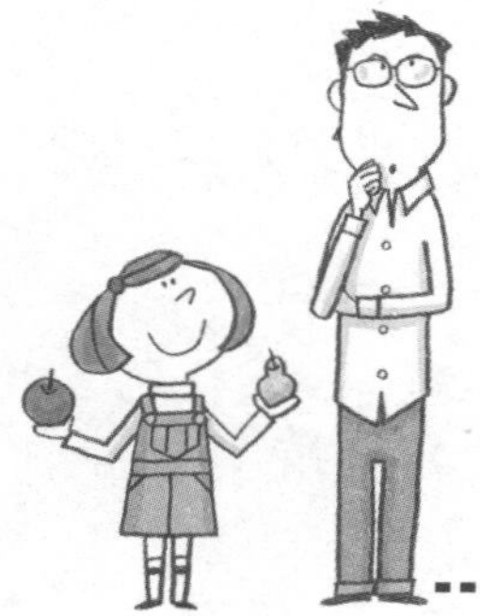

[日]村上绫一 著　稻叶直贵 出题

钱春阳 译

黑版贸审字：08-2019-014

图书在版编目（CIP）数据

爱上数学. 儿童思考力训练 /（日）村上绫一著；（日）稻叶直贵出题；钱春阳译. -- 哈尔滨：黑龙江科学技术出版社, 2021.6

ISBN 978-7-5719-0948-2

Ⅰ. ①爱… Ⅱ. ①村… ②稻… ③钱… Ⅲ. ①数学－儿童读物 Ⅳ. ①O1-49

中国版本图书馆 CIP 数据核字(2021)第 084753 号

爱上数学　儿童思考力训练
AI SHANG SHUXUE　ERTONG SIKAO LI XUNLIAN
[日] 村上绫一 著　[日] 稻叶直贵 出题　钱春阳 译

选题策划　张　凤
责任编辑　张　凤　焦　琰　马远洋
出　　版　黑龙江科学技术出版社
地　　址　哈尔滨市南岗区公安街 70-2 号
邮　　编　150007
电　　话　（0451）53642106
传　　真　（0451）53642143
网　　址　www.lkcbs.cn
发　　行　全国新华书店
印　　刷　哈尔滨市石桥印务有限公司
开　　本　880 mm × 1230 mm　1/32
印　　张　4
字　　数　90 千字
版　　次　2021 年 6 月第 1 版
印　　次　2021 年 6 月第 1 次印刷
书　　号　ISBN 978-7-5719-0948-2
定　　价　36.80 元

致家长

我们的大脑每时每刻都在思考各种各样的问题。最近，孩子们的“专注力”和“思维能力”受到广泛关注。在日本2020年实施的大学入学考试改革方案特别提出了将学生的“思维能力”纳入考察的方针。

“思维能力”一词大家都能脱口而出，但是关于它的内涵又很难说清楚，因为涉及的面较广。那么孩子们需要养成的“思维能力”究竟是怎样一种能力呢？

◇ 认知、观察、分析的能力——逻辑思维能力

我多年来一直和小学1年级到高中3年级的学生打交道，并对他们的数学以及其他课程进行辅导。

针对小学1年级到3年级学生，我会在课堂上导入益智类游戏作为教材使用。因为益智类游戏能帮助学生培养专注力，提升逻辑思维能力。

所谓逻辑思维能力，是指对事物进行认知、观察、分析的能力。普通的益智类游戏简单的重复练习比较多，往往沦为机械的刷题工具。虽然这一类的益智游戏也可以达到开动脑筋、消除疲劳的效果，但是不能用作提高逻辑思维能力的专业图书。

◇ 数学益智游戏可以培养逻辑思维能力

孩子们刚拿到数学益智游戏时一般都会沉浸在解题的兴奋之中。但是，随着解题的进展他们会发现自己的想法和游戏题目要求的逻辑思维不一致，很难进一步推进。究竟是哪里出问题了呢？正是因为没有找到解题思路，所以无法写出正确答案。这时候有必要再一次审视一下完整的题目要求，找到自己出错的地方，擦掉好不容易写好的答案重新再答一遍。在完成数学益智游戏的解题之前，孩子们会经历写了又擦、擦了又写这样反复的试错过程。

这个过程乍一看好像是在浪费时间，其实不然。我觉得这种试错过程，对于孩子们来说是非常重要的，因为在日常生活中，他们没什么机会去试错。希望家长们能够以此为契机，多多让孩子们在数学益智游戏中体验试错的过程。相信这会帮助您的孩子提升专注力和逻辑思维能力。

◇ 数学益智游戏是学好算术和数学的基础

数学益智游戏还可以锻炼计算能力。而逻辑思维能力和计算能力又是数学的基础。因此可以说数学益智游戏是学好算术和数学的基础。

我们观察发现，孩子们开始做题时会胡乱填写数字或者想当然地填写答案，最后说着“不会做，我不懂”就要停笔放弃答题。此时，您应该让孩子们认识到“胡乱填写数字的话绝对得不到正确答案”，并且指出他们的计算错误和解题顺序差错，帮助孩子们理清思路，循序渐进掌握解题方法。

孩子如果能养成有逻辑性地思考这一习惯，那么不仅在学习上，在其他任何情况下他都能做到自主思考，自己解决问题。

◇ 培养不怕出错的孩子

在尝试过程中如果意识到“出错了”，那就擦掉写下的文字和数字，重新再做几遍。如果发现孩子们在做题的时候因害怕出错而犹犹豫豫不敢动笔，请鼓励他们大胆动笔去写。回避“出错”，只做看起来自己会做的题，这样不仅无法提高专注力和逻辑思维能力，甚至无法锻炼出顽强的“生存能力”。

一遍一遍地尝试，才能培养良好的专注力和逻辑思维能力，以及坚韧的毅力。

◇ 逻辑思维能力关乎人的自立

本书收录了 10 种益智类游戏。不管哪种类型，请让孩子们在理解规则之后再开始答题。如果孩子们不能很好地理解规则，请家长们认真地和他们说清楚。然后，让孩子们自己独立完成解题过程。

大脑用于支撑专注力和逻辑思维能力的 5 种功能分别是认知能力、计算能力、分析能力、创造能力、观察能力。不同的益智类游戏侧重锻炼的大脑功能有所不同，请参考题型旁边的雷达图。

只有通过自主思考才能获得逻辑思维能力。逻辑思维能力反过来也会促进孩子们独立自主能力的培养。算术益智游戏正是开启这一良性循环的开端。

虽然本书的内容是面向孩子们的益智游戏，但是请各位家长也积极参与，挑战一下自我，相信您会在不知不觉中喜欢上解题所带来的意外惊喜。父母和孩子一起竞赛答题，想必也一定会其乐融融。

村上绫一

<本书构成>

<例题>

该板块是为理解解题规则设置的，同时说明解答谜题时的注意事项。

<规则说明>

该板块清晰讲解不同类型谜题的解题规则。

<雷达图>

该板块从5个方面表示不同类型的益智游戏所侧重锻炼的大脑功能。

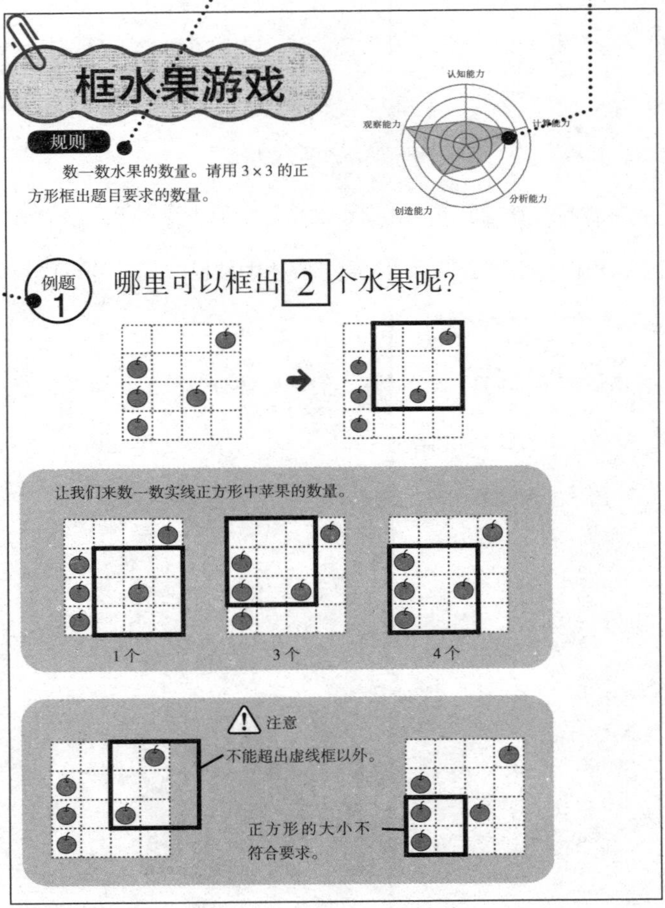

框水果游戏

规则

数一数水果的数量。请用 3×3 的正方形框出题目要求的数量。

认知能力
计算能力
分析能力
创造能力
观察能力

例题 1 哪里可以框出 2 个水果呢？

让我们来数一数实线正方形中苹果的数量。

1个　3个　4个

注意

不能超出虚线框以外。

正方形的大小不符合要求。

问题答案请参考本书 101 页及以后。

目录

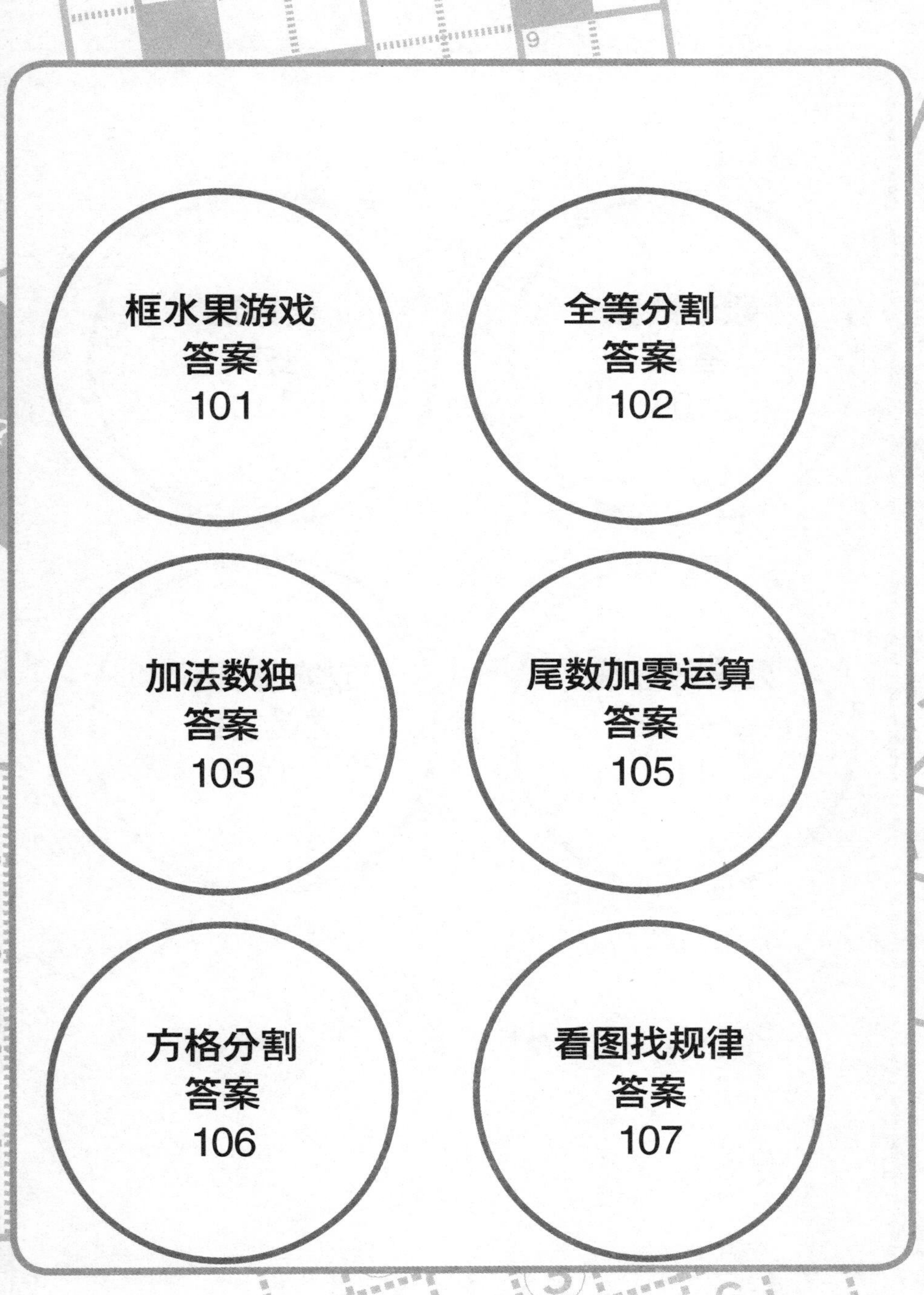

框水果游戏
答案
101
全等分割
答案
102
加法数独
答案
103
尾数加零运算
答案
105
方格分割
答案
106
看图找规律
答案
107

乘法数独
答案
108

倍数链
答案
110

公倍数连线
答案
111

立方体面积
之谜答案
113

第1章

框水果游戏

致家长

这一章节，通过画正方形框出正确的数，不仅能增强孩子们对数字的敏感度，还能帮助他们养成良好的回答问题的习惯。

框水果游戏

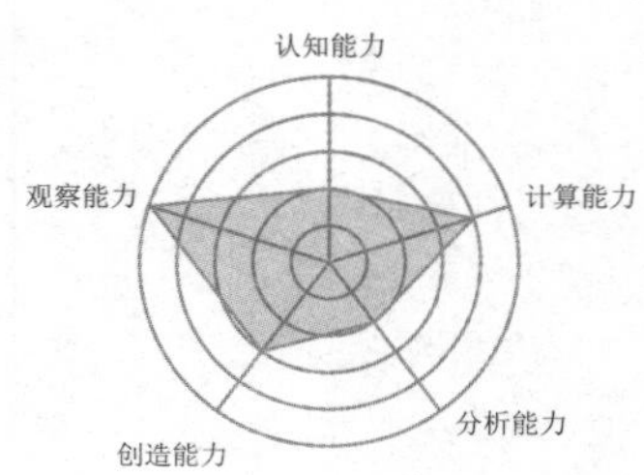

规则

数一数水果的数量。请用 3×3 的正方形框出题目要求的数量。

哪里可以框出 2 个水果呢？

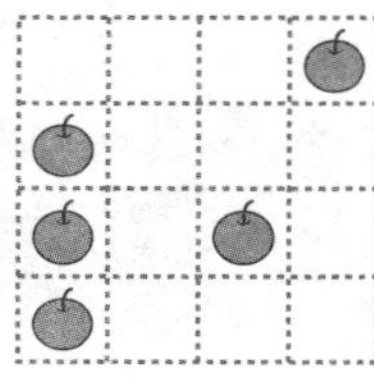

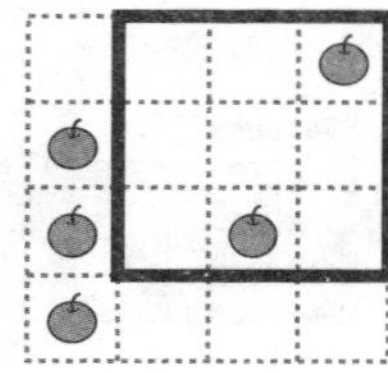

让我们来数一数实线正方形中苹果的数量。

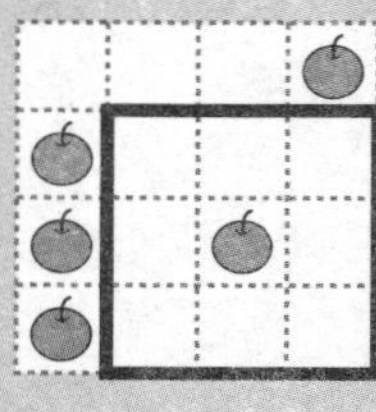

1 个

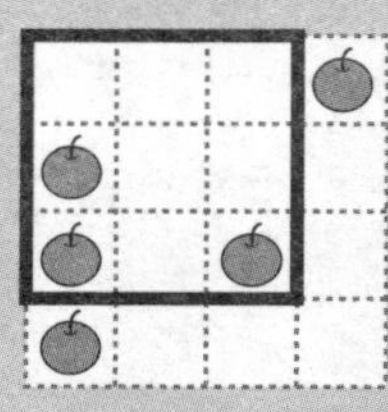

3 个

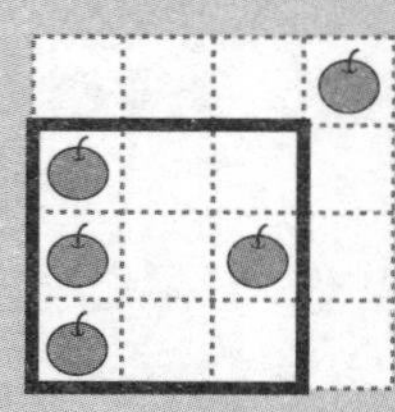

4 个

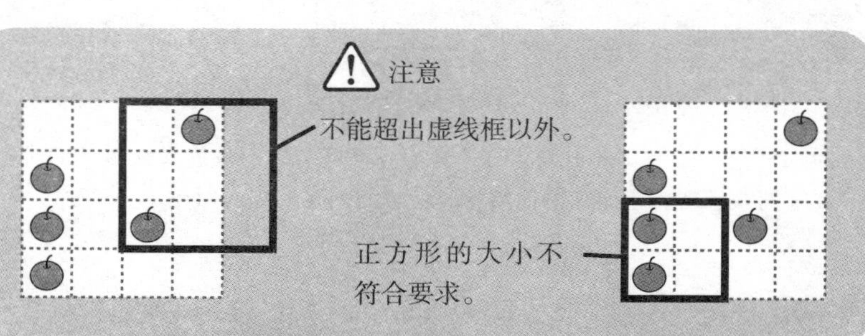

哪里可以框出 3 个水果呢？

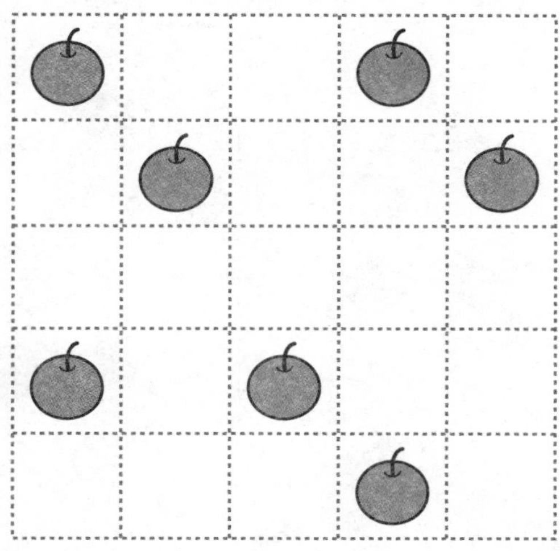

哪里可以框出 4 个水果呢？

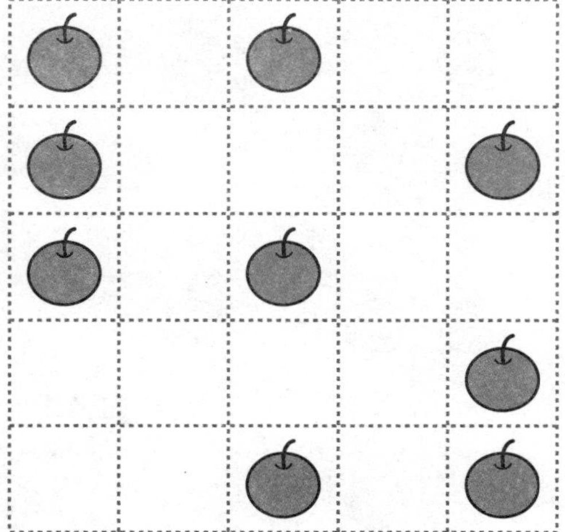

框水果游戏

01

哪里可以框出 4 个水果呢？

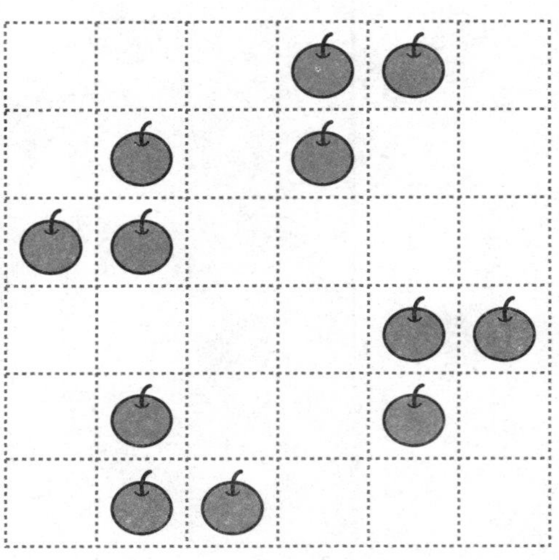

框水果游戏

02

哪里可以框出 2 个水果呢？

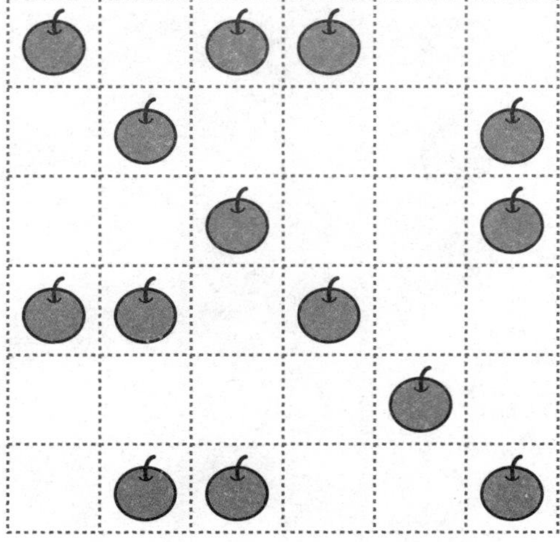

框水果游戏

03

哪里可以框出 4 个水果呢？

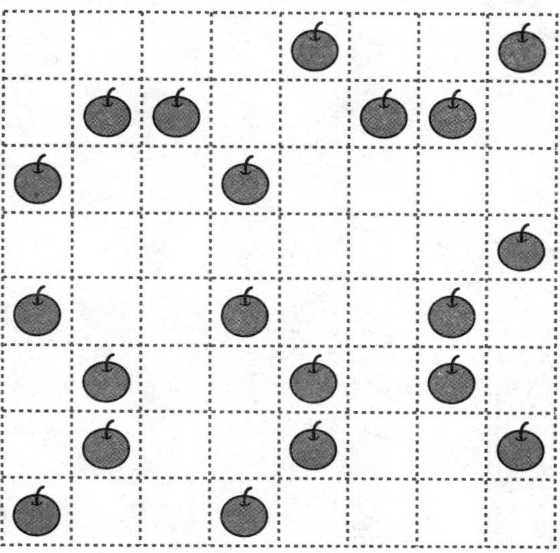

框水果游戏

04

哪里可以框出 3 个水果呢？

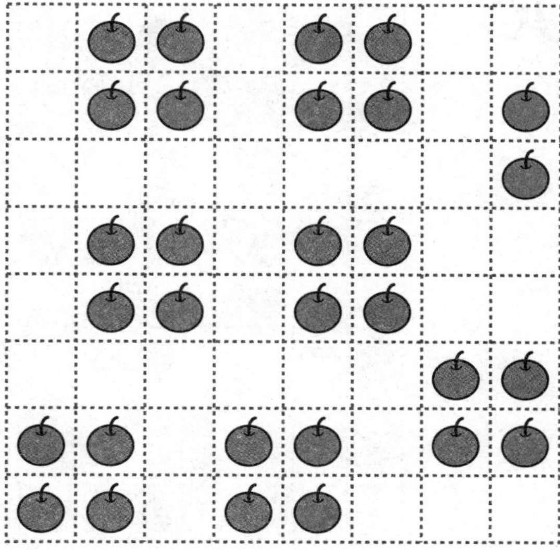

框水果游戏

05 哪里可以框出 4 个水果呢？

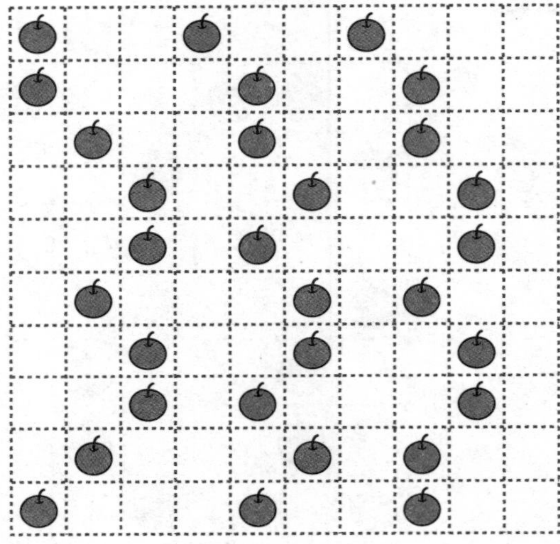

框水果游戏

06 哪里可以框出 5 个水果呢？

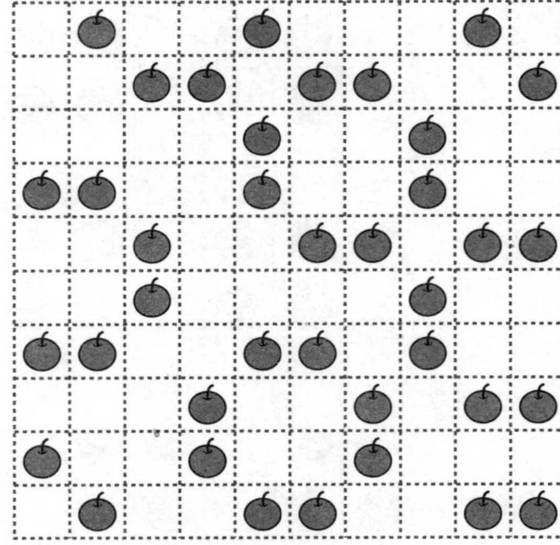

框水果游戏

07

哪里可以框出 5 个水果呢？

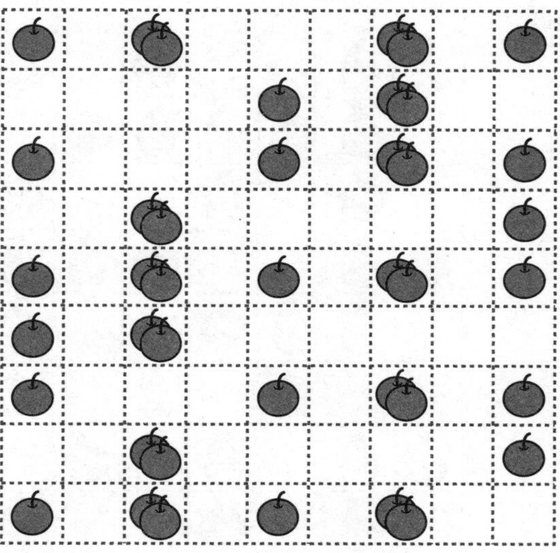

框水果游戏

08

哪里可以框出 6 个水果呢？

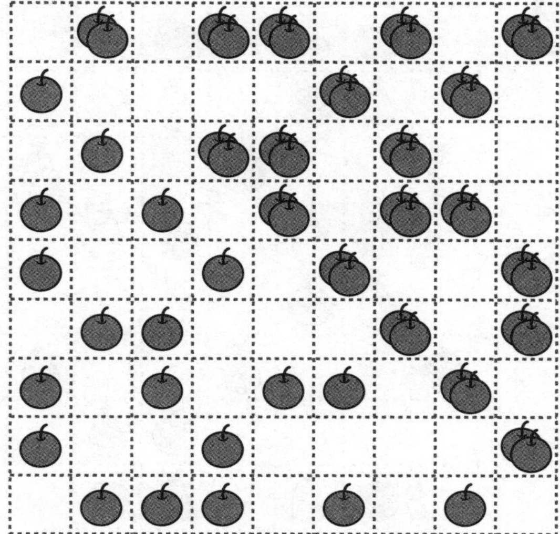

框水果游戏

09

哪里可以框出 3 个苹果、3 个梨呢？

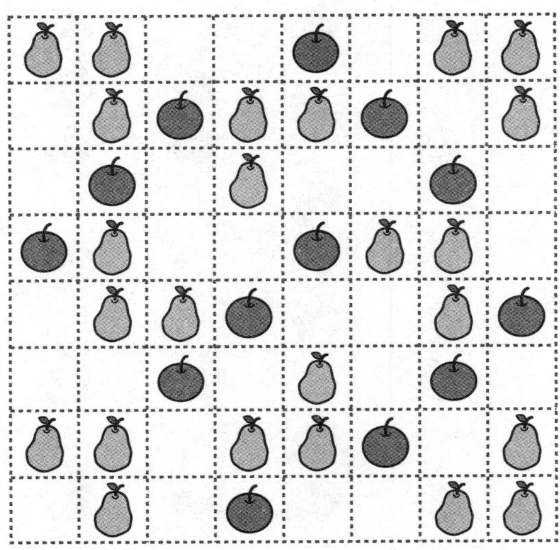

框水果游戏

10

哪里可以框出 2 个苹果、2 个梨呢？

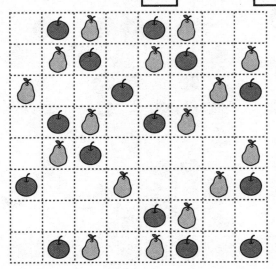

框水果游戏

挑战题！

01

在哪里框可以让苹果和梨的数量相同呢？

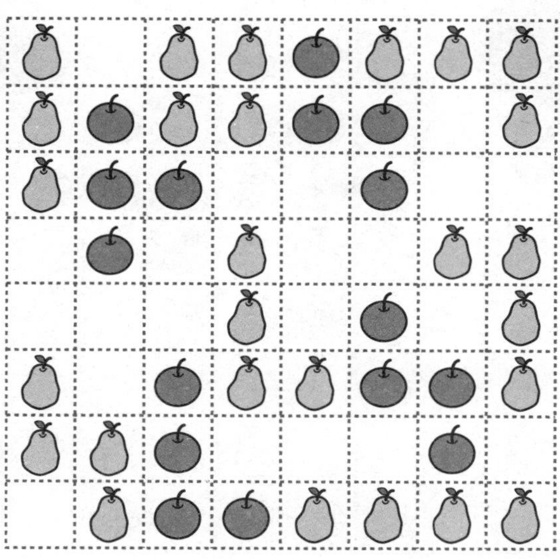

框水果游戏

挑战题！

02

在哪里框可以让苹果比梨的数量多呢？

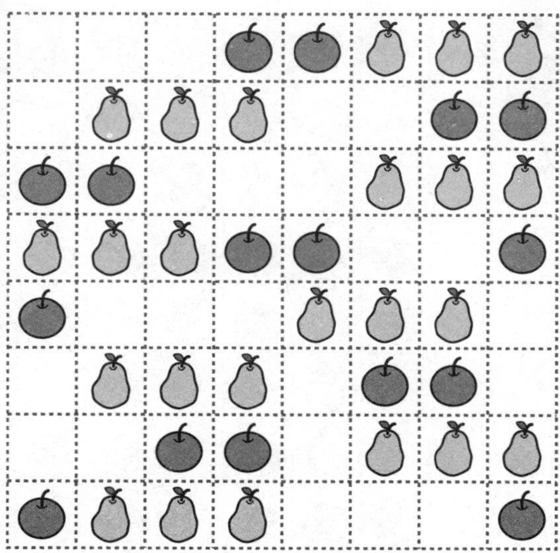

框水果游戏

挑战题！

03

在哪里框可以让苹果和梨的数量相同呢？

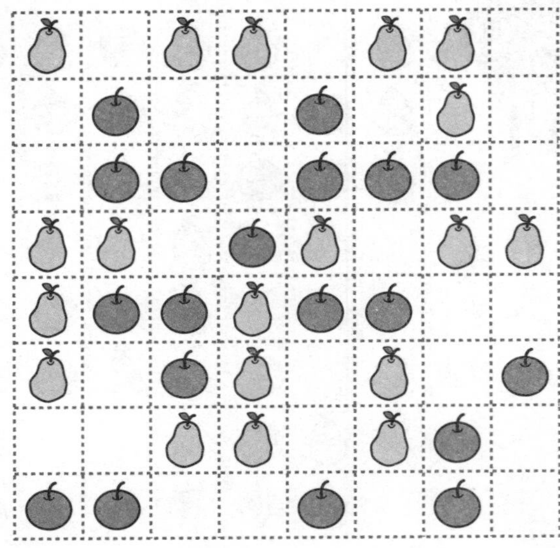

框水果游戏

挑战题！

04

在哪里框可以让苹果比梨的数量少呢？

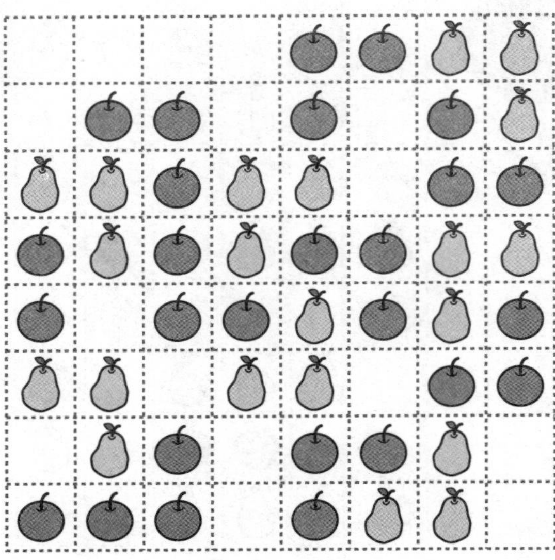

第②章

全等分割

致家长

这一章节，通过将图形分成两个全等图形，力图让孩子们学会在脑海中构建图形，以此提高孩子们的空间想象能力。

认知能力
观察能力
计算能力
创造能力
分析能力

规则

①沿虚线将一个图形分成 2 个。

②保证分割后的图形是相同的形状，通过旋转、翻折可以完全重合。

例题 1

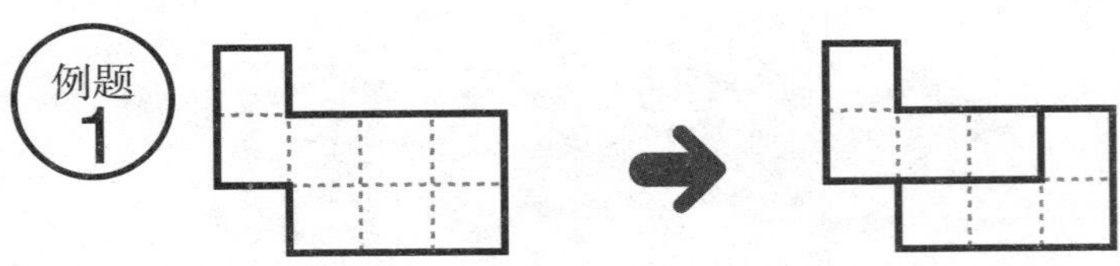

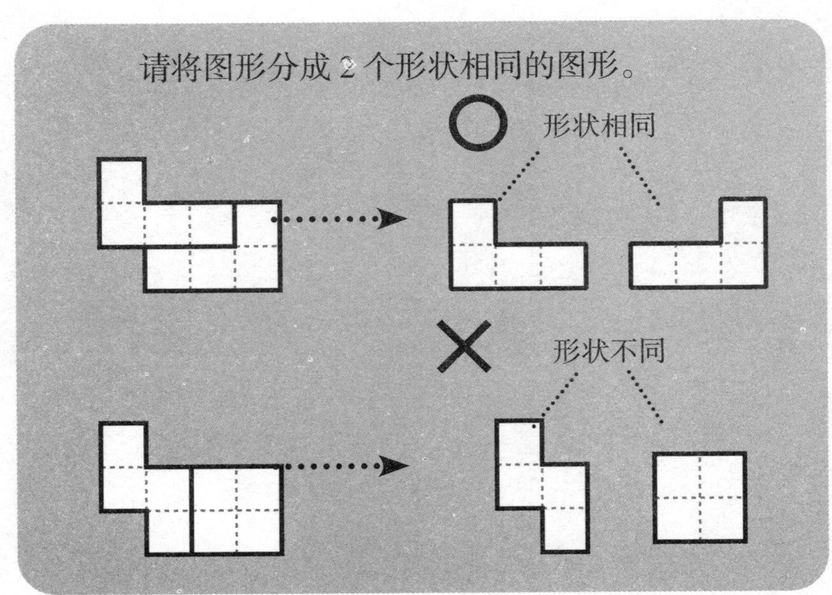

请将图形分成 2 个形状相同的图形。
○ 形状相同
× 形状不同

例题
2
全等分割
P
例题
3

全等分割

01

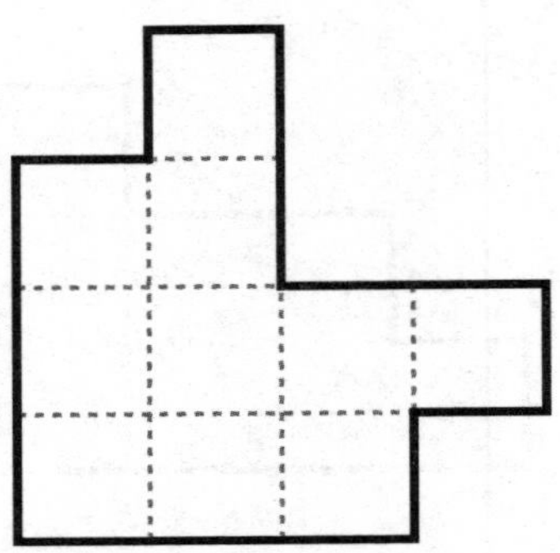

全等分割

02

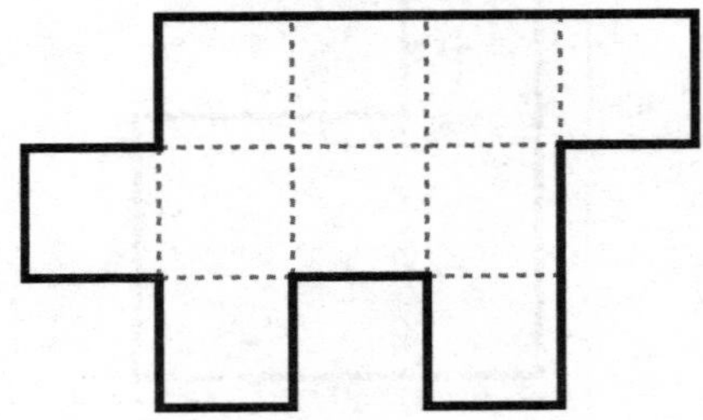

全等分割

03

全等分割

04

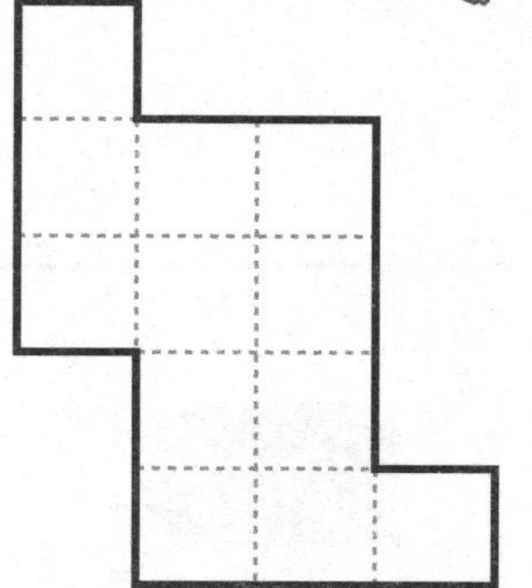

全等分割

05

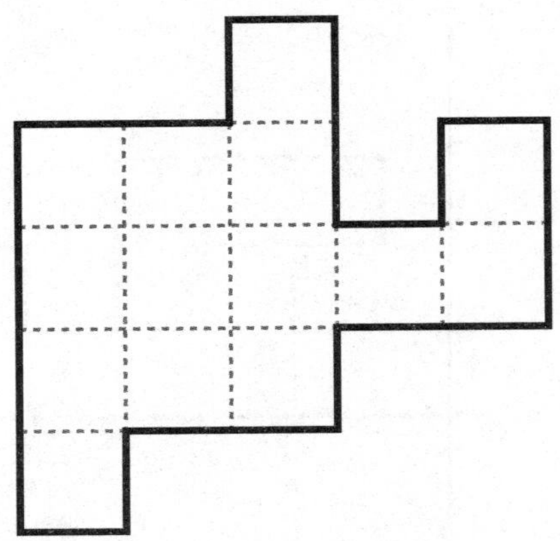

全等分割

06

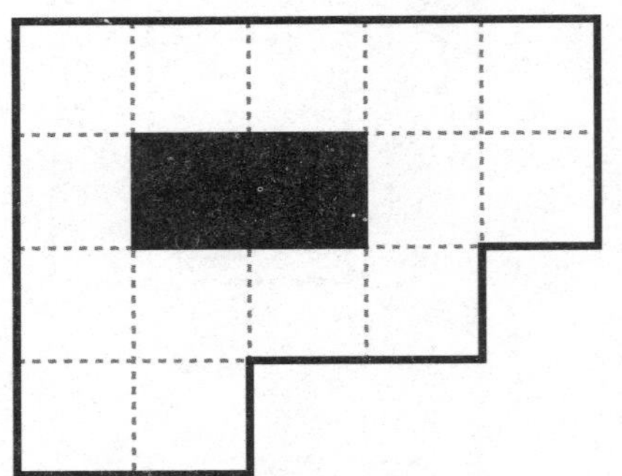

全等分割

07

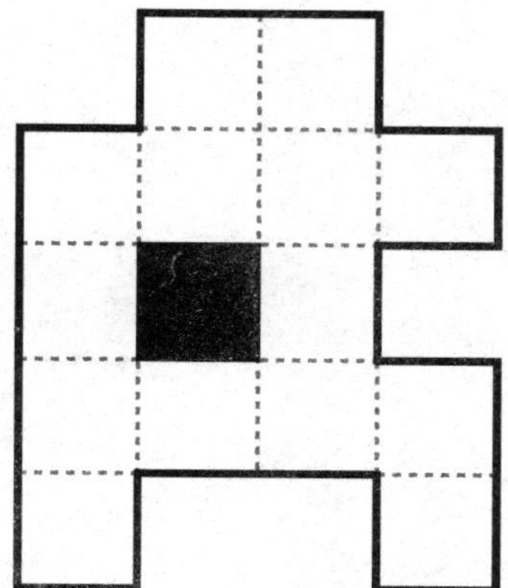

全等分割

08

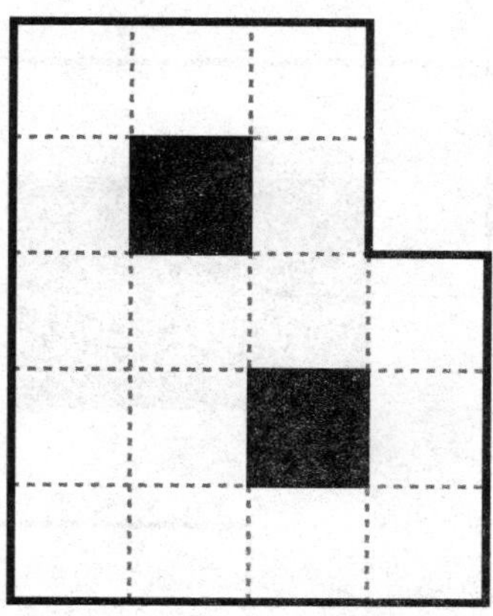

全等分割

09

全等分割

10

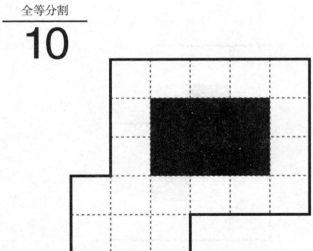

全等分割

挑战题！

01

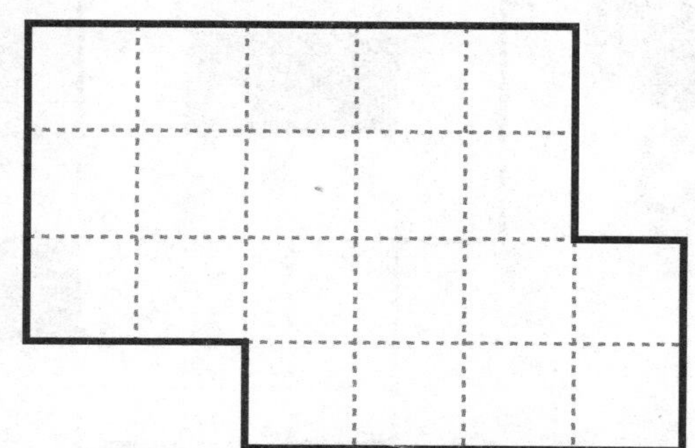

全等分割

挑战题！

02

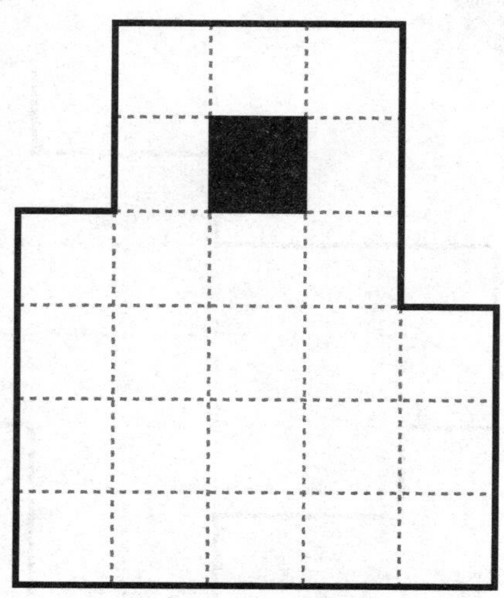

全等分割

挑战题！

03

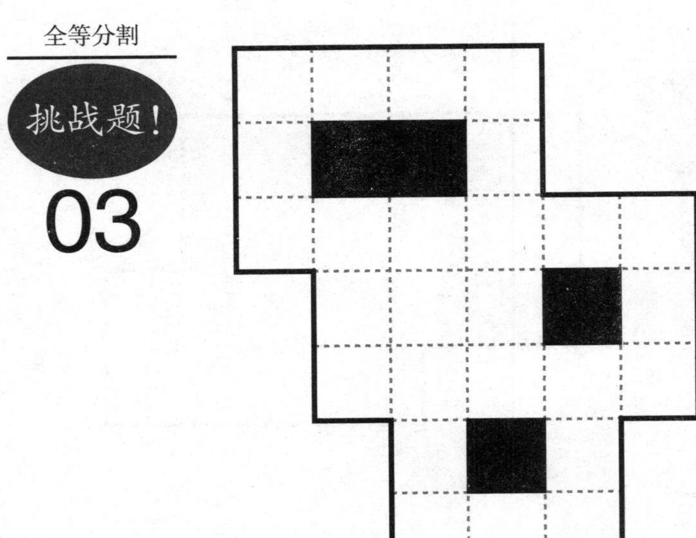

全等分割

挑战题！

04

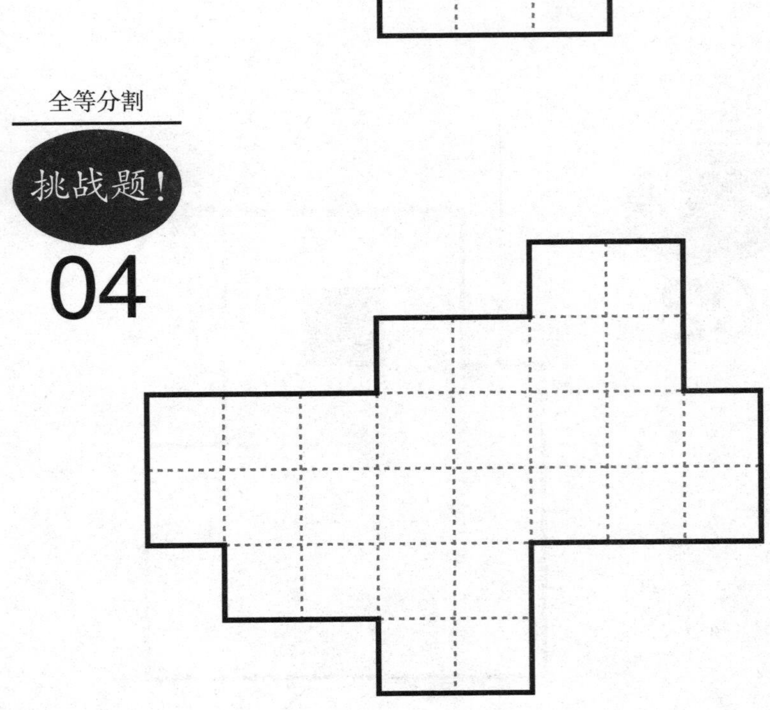

第3章

加法数独

致家长

这一章节不仅关乎加法和减法的基础能力培养，而且通过对数字的分解以及重新组合还可以提高逻辑思维能力。

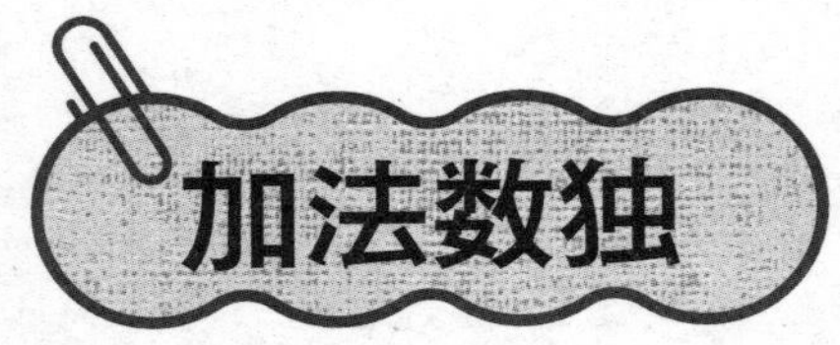

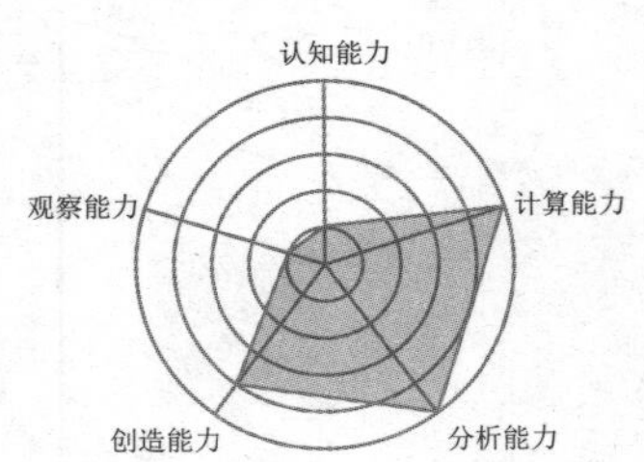

规则

①请在方格中填入 1~9 中的任意数字。

②由实线圈起来的部分称为方盒。方盒左上角的数字是整个方盒中的数字之和。

③方盒彼此连接处的两个小方格中的数字是相同的。

例题 1

解题方法

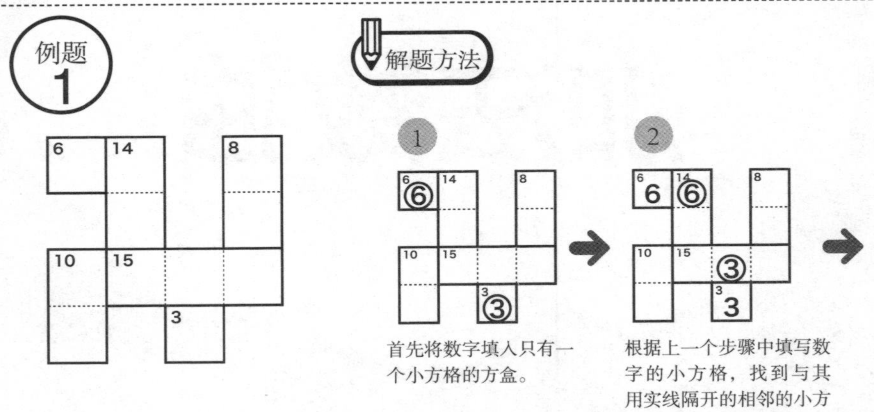

1 首先将数字填入只有一个小方格的方盒。

2 根据上一个步骤中填写数字的小方格，找到与其用实线隔开的相邻的小方格，并填入相同的数字。

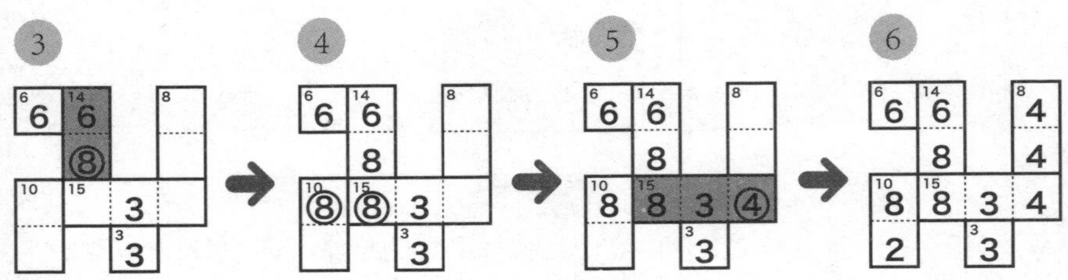

3 观察阴影部分的方盒，其中数字之和是 14。所以下面的小方格填写的数字是 8。

4 根据上一步骤填入数字 8 的小方格，可以确定该小方格下方及其左下的小方格中的数字也是 8。

5 按照 15=8+3+？的方式思考答案。

6 将所有的小方格中都填上数字，这道题就完成了！

例题
2

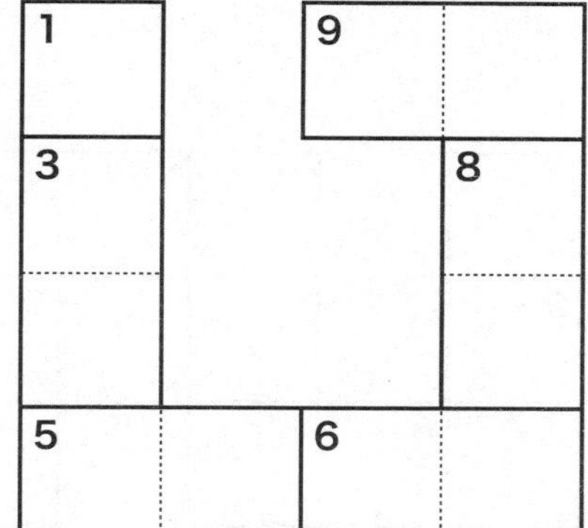
1
9
3
8
5
6

例题
3

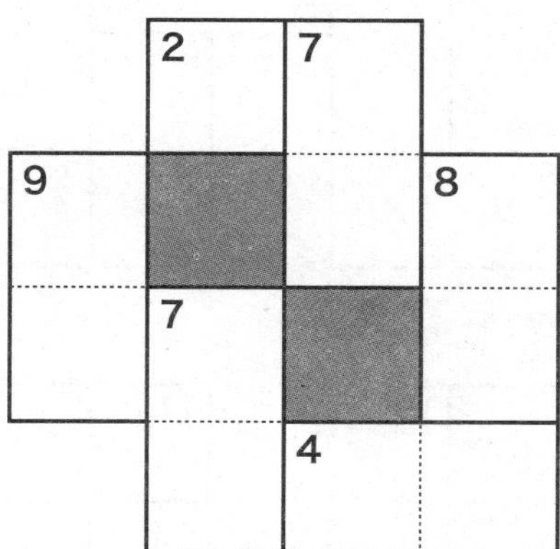
2
7
9
8
7
4

加法数独

01

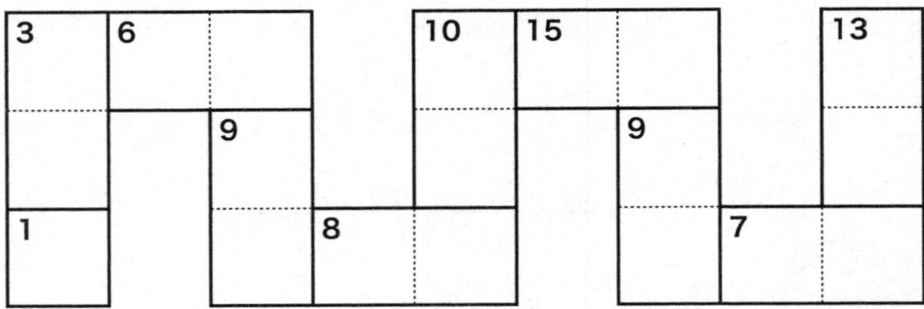

加法数独

02

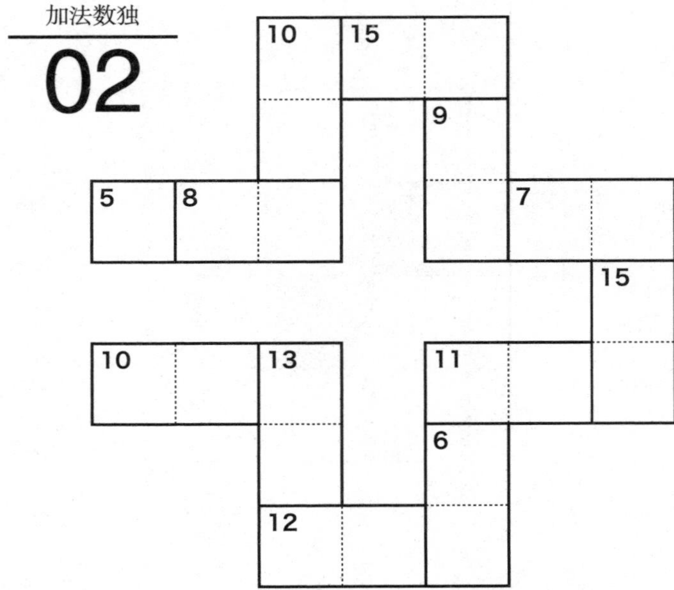

加法数独

03

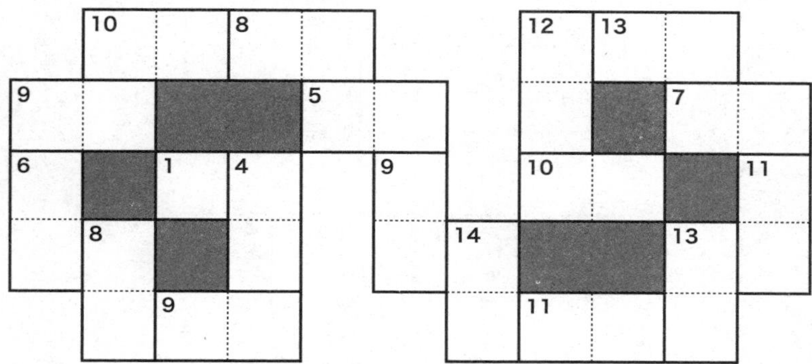

加法数独

04

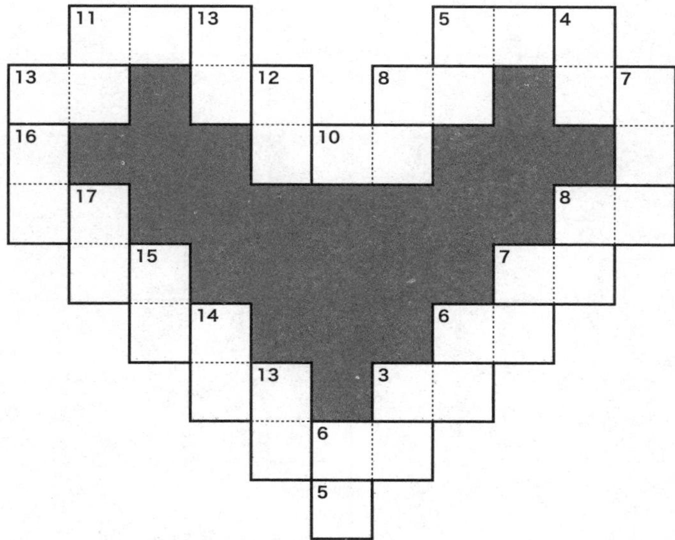

加法数独

05

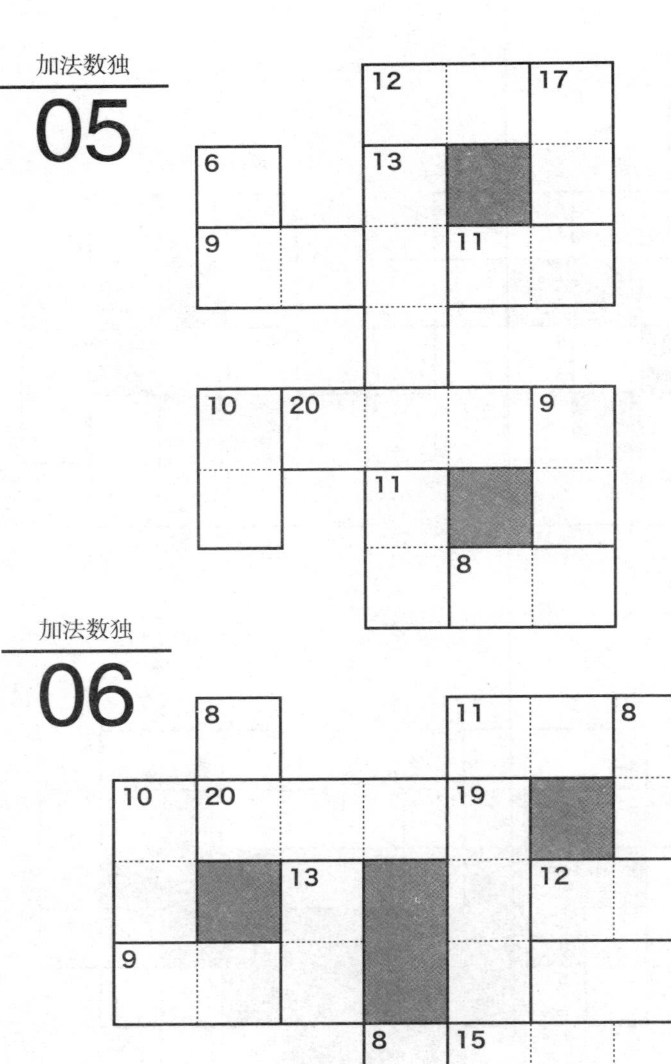

加法数独

06

8
11
8
10
20
19
13
12
9
8
15
10
11

加法数独

07

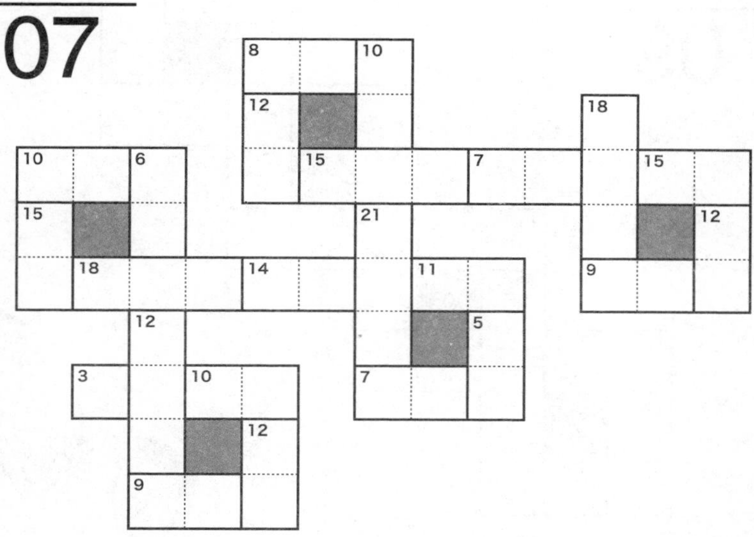

加法数独

08

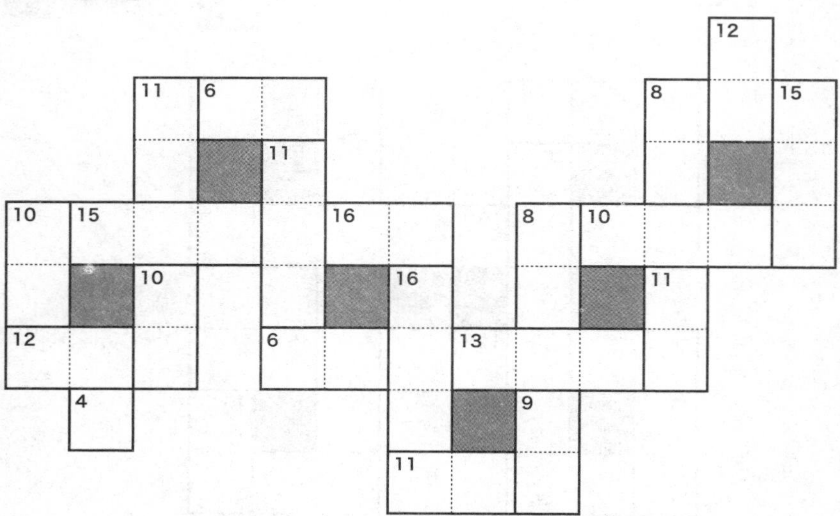

加法数独

09

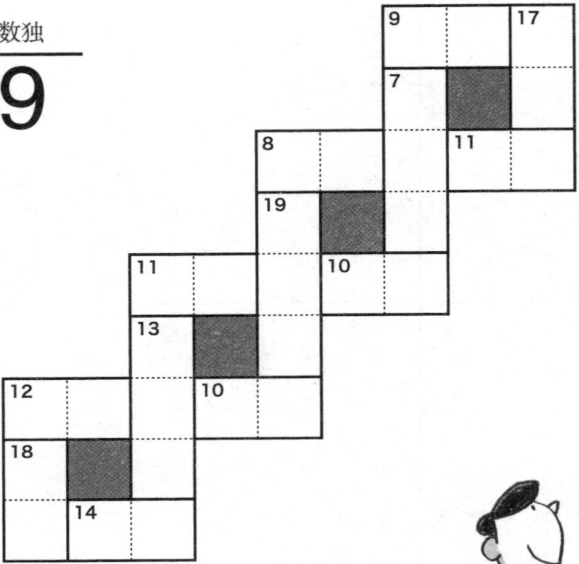

加法数独

10

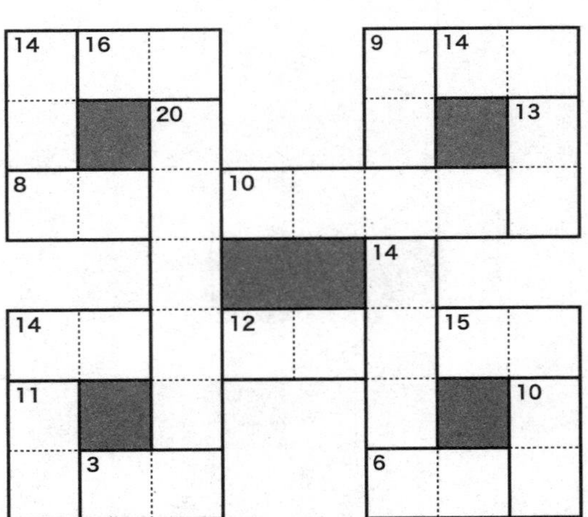

加法数独

加法数独

挑战题！

02

13	14		13				10	14		18
6			8	13			11			12
	2				19			9		
8	13		10				14	12		7
				15						
10			7				11			10
	12							12		

加法数独

挑战题！

03

加法数独

挑战题！

04

5		15		15	
14		24		29	
25		24		20	

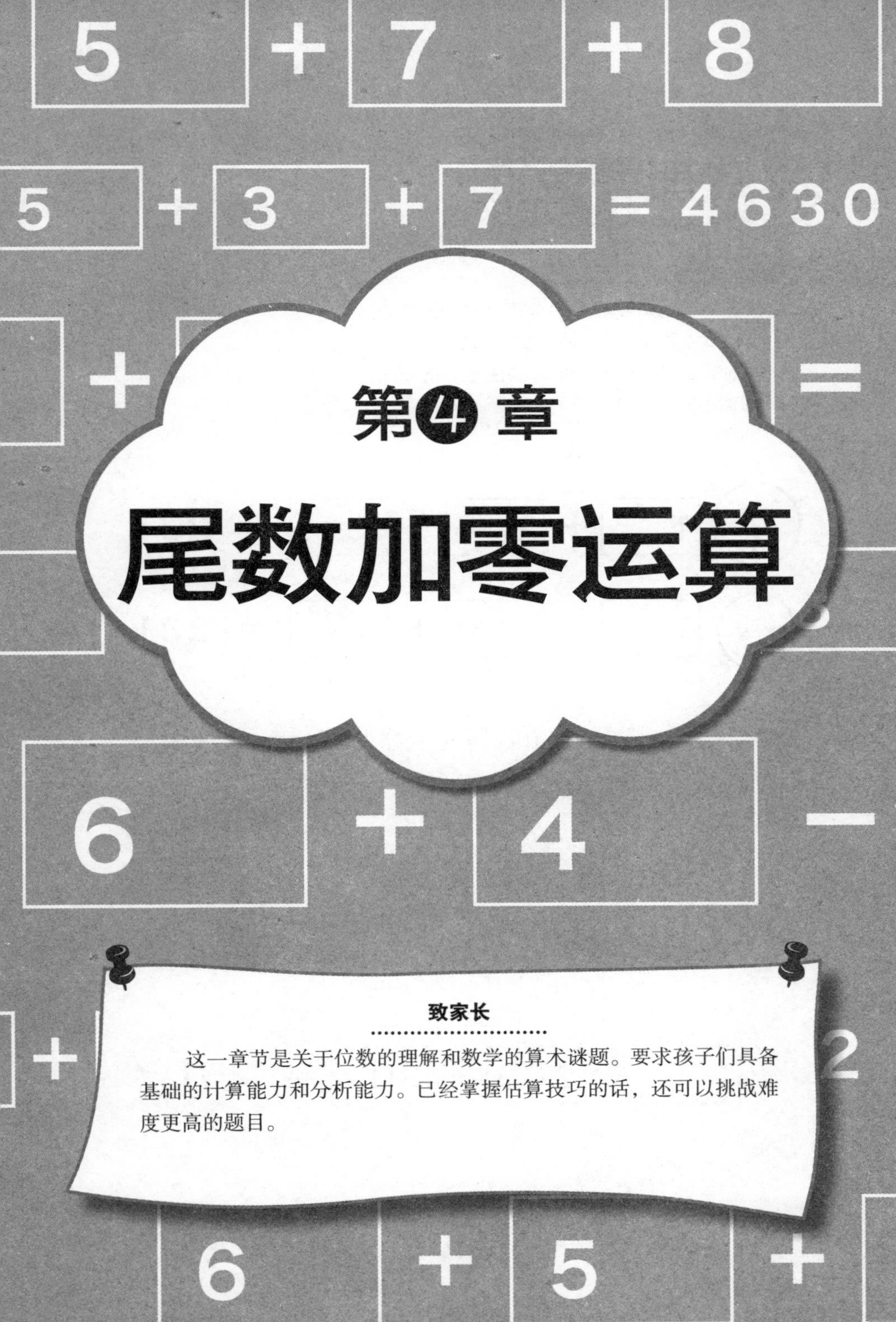

第4章

尾数加零运算

致家长

这一章节是关于位数的理解和数学的算术谜题。要求孩子们具备基础的计算能力和分析能力。已经掌握估算技巧的话，还可以挑战难度更高的题目。

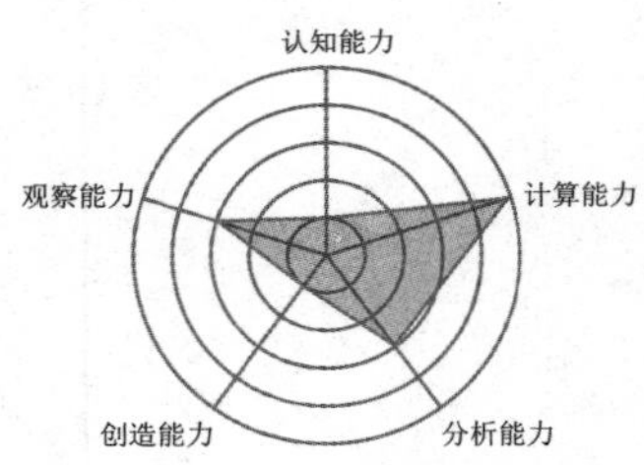

规则

①这是一种由写着数字的卡片组成的谜题。请找出需要加0的卡片并填上，完成运算。

② 0 的数量没有限制，但需要注意有的数字后面不需要添 0。

例题 1　[1] + [2] + [3] = 231

答案　[1] + [200] + [30] = 231

把 0 添写在卡片上。

[1] 一个 0 也不写。　[200] 写上 2 个 0。　[30] 写上 1 个 0。

请完成卡片上数字的运算。

[1] + [200] + [30] = 231

1+200+30=231 ○ 正确！

例题 2

3 + 7 + 2 = 57

例题 3

4 + 3 + 9 = 97

例题 4

9 + 2 + 5 = 61

例题 5

1 + 2 + 3 = 60

尾数加零运算 01

3	+	6	+	2	= 632

尾数加零运算 02

8	+	9	+	4	= 948

尾数加零运算 03

6	+	5	+	2	= 805

尾数加零运算 04

4	+	2	+	1	= 250

尾数加零运算 05

8	+	3	+	4	= 510

尾数加零运算 06

3	+	1	+	7	+	4	=	483

尾数加零运算 07

4	+	8	+	2	+	3	=	908

尾数加零运算 08

1	+	7	+	5	+	2	=	609

尾数加零运算 09

6	+	9	+	3	+	5	=	230

尾数加零运算 10

7	+	9	+	6	+	3	=	700

尾数加零运算 11

4 + 8 + 7 + 3 = 508

尾数加零运算 12

5 + 2 + 8 + 4 = 712

尾数加零运算 13

6 + 3 + 8 + 4 = 111

尾数加零运算 14

1 + 2 + 9 + 6 = 360

尾数加零运算 15

3 + 8 + 7 + 5 = 1013

尾数加零运算 16

5 + 7 + 8 + 4 + 9 = 9411

尾数加零运算 17

6 + 1 + 5 + 3 + 7 = 4630

尾数加零运算 18

7 + 8 + 5 + 4 + 1 = 1564

尾数加零运算 19

8 + 3 + 2 + 5 + 9 = 3312

尾数加零运算 20

9 + 1 + 5 + 6 + 8 = 9092

尾数加零运算 21

9 + 4 + 2 − 8 = 61

尾数加零运算 22

8 + 6 + 4 − 3 = 69

尾数加零运算 23

6 + 5 + 3 − 7 = 25

尾数加零运算 24

1 + 3 + 6 − 8 = 20

尾数加零运算 25

6 + 7 + 8 − 9 = 30

尾数加零运算 挑战题! 01

4 + 6 − 7 − 1 = 20

尾数加零运算 挑战题! 02

3 + 7 − 4 − 5 = 91

尾数加零运算 挑战题! 03

8 + 4 − 9 − 2 = 19

尾数加零运算 挑战题! 04

1 + 3 − 5 − 7 = 55

尾数加零运算 挑战题! 05

1 + 3 − 9 − 4 = 99

尾数加零运算 挑战题! 06

4 + 5 − 9 − 8 = 28

尾数加零运算 挑战题! 07

8 + 1 − 3 − 6 = 81

尾数加零运算 挑战题! 08

1 + 9 − 8 − 5 = 42

尾数加零运算 挑战题! 09

6 + 3 − 1 − 5 = 48

尾数加零运算 挑战题! 10

3 + 6 − 5 − 7 = 60

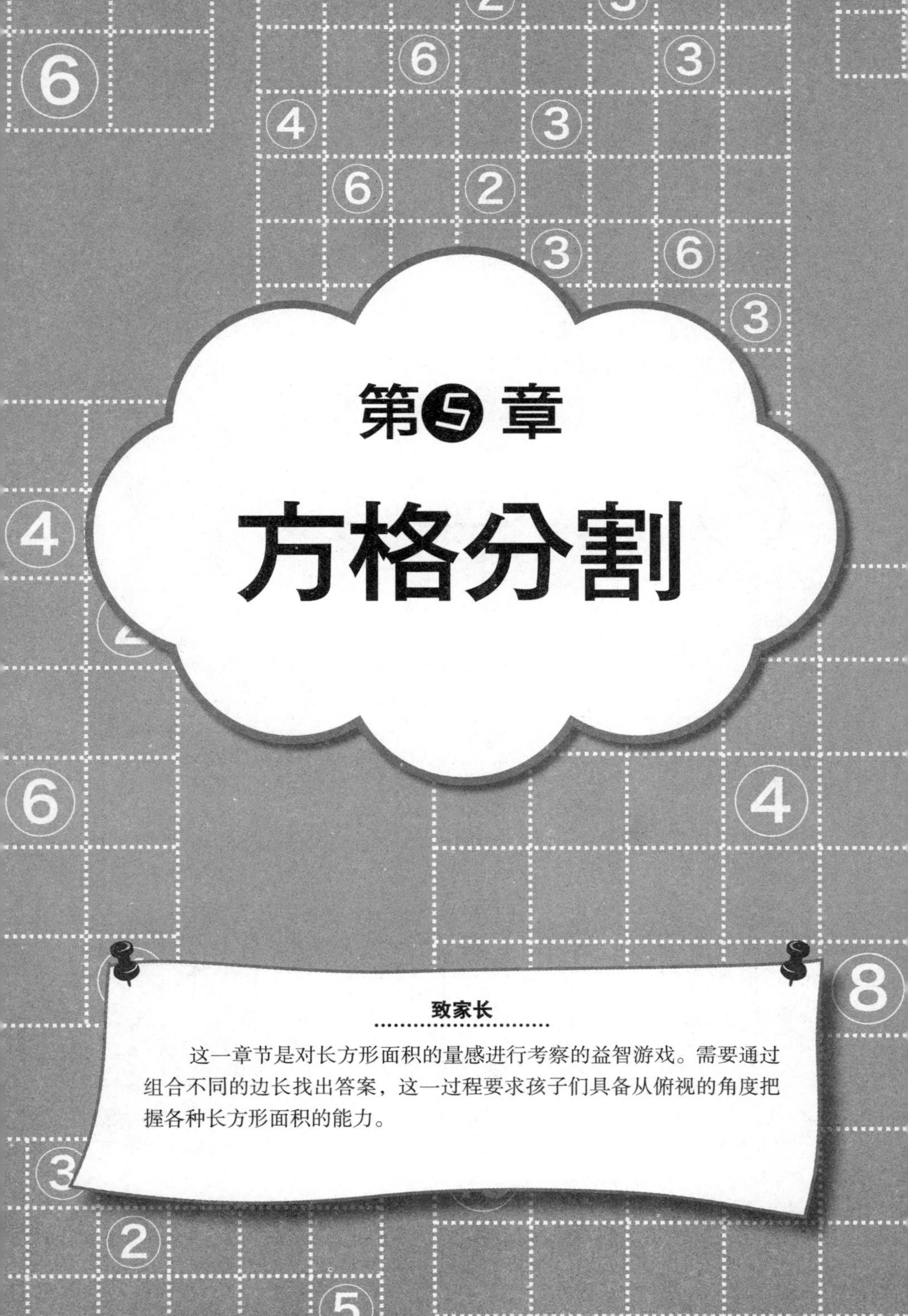

第5章

方格分割

致家长

这一章节是对长方形面积的量感进行考察的益智游戏。需要通过组合不同的边长找出答案，这一过程要求孩子们具备从俯视的角度把握各种长方形面积的能力。

方格分割

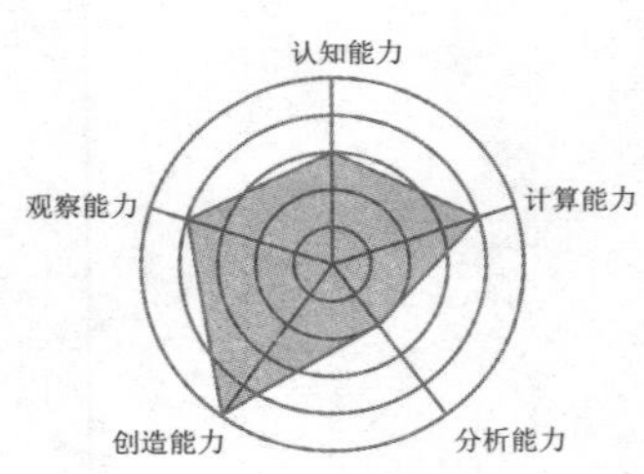

规则

①请沿着虚线画出四方形。
②四方形彼此之间不能重合。
③每个四方形中只能圈定一个数字，这个数字恰好能表示该四方形的占的方格数。

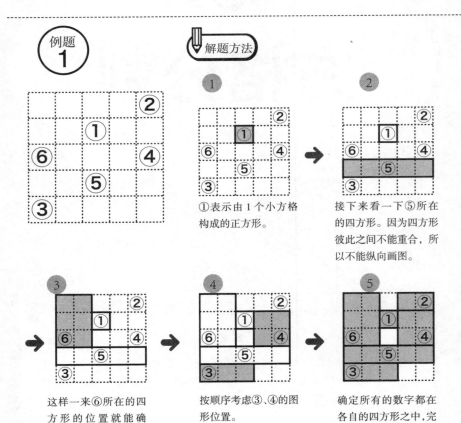

例题 1

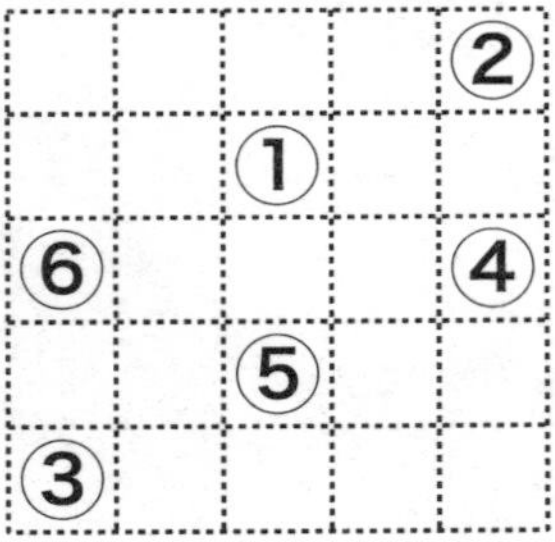

				②
		①		
⑥				④
		⑤		
③				

解题方法

1 ①表示由1个小方格构成的正方形。

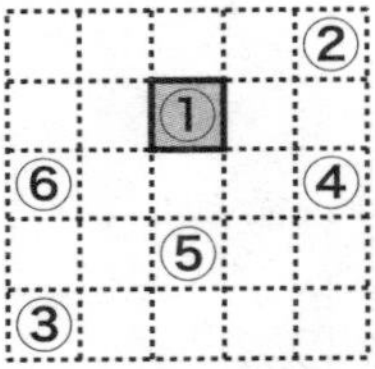

2 接下来看一下⑤所在的四方形。因为四方形彼此之间不能重合，所以不能纵向画图。

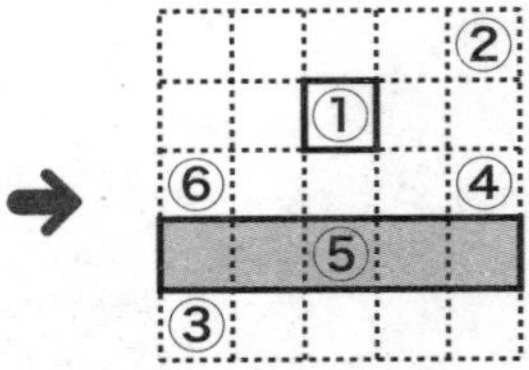

3 这样一来⑥所在的四方形的位置就能确定了。

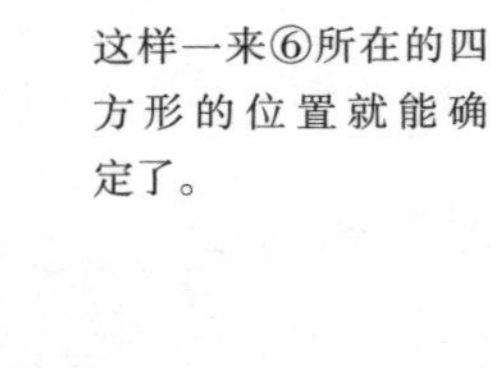

4 按顺序考虑③、④的图形位置。

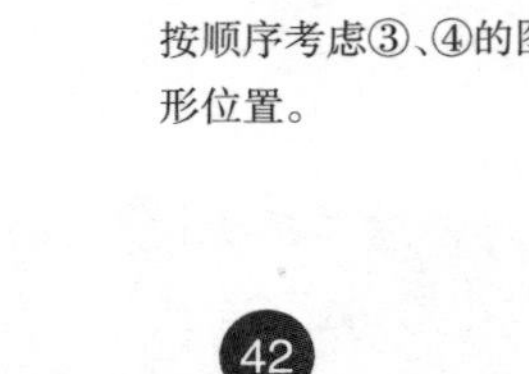

5 确定所有的数字都在各自的四方形之中,完成解题!

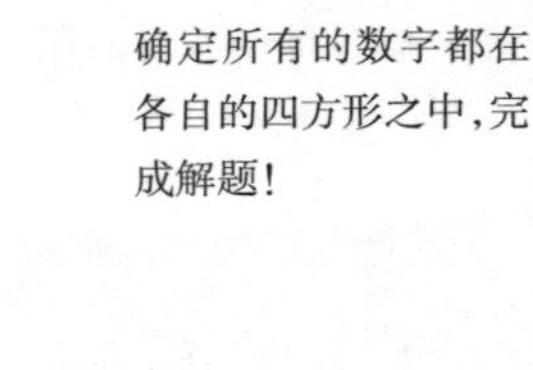

例题 2

例题 3

			②	
②		④		
	③		③	
		②		②
	⑤			

方格分割

01

方格分割

02

方格分割

03

方格分割

04

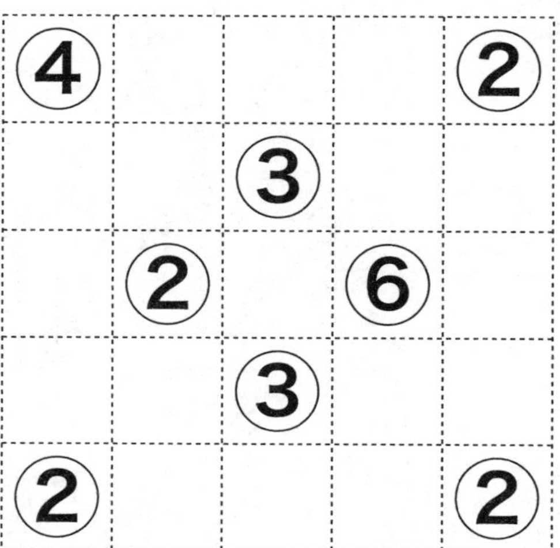

方格分割

05

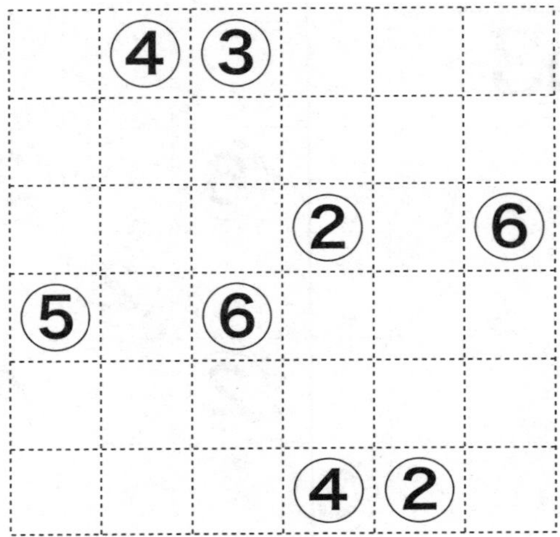

方格分割

06

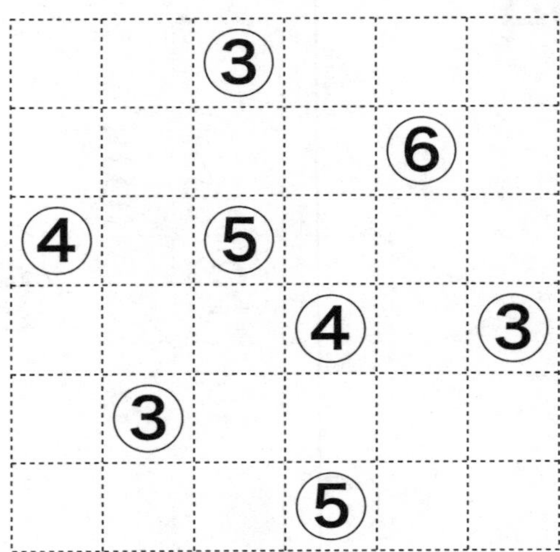

方格分割

07

	③			④		
			②			⑤
					②	
		⑥		③		
	③					
④			④			
		④			⑥	

方格分割

08

③			③			
		④			④	
	④					②
			③			
⑤					⑥	
	③			③		
			③			④

方格分割

09

			②		③		
		⑥				③	
④				③			
	⑥		②				
				③		⑥	
			④				③
	⑥				②		
		④		④			

方格分割

10

			③		④		
④				②			
	①						⑤
		⑧				④	
	④				⑥		
③						③	
			④				④
		④		③			

方格分割

挑战题！

01

		6				4		
	3						3	
2			3		4			3
		6				1		
				9				
		1				2		
3			4		2			3
	4						6	
		4				5		

方格分割

挑战题！

02

		9						
			4					9
						5		
				8				
		8						
10					12			
						8		

方格分割

挑战题！

03

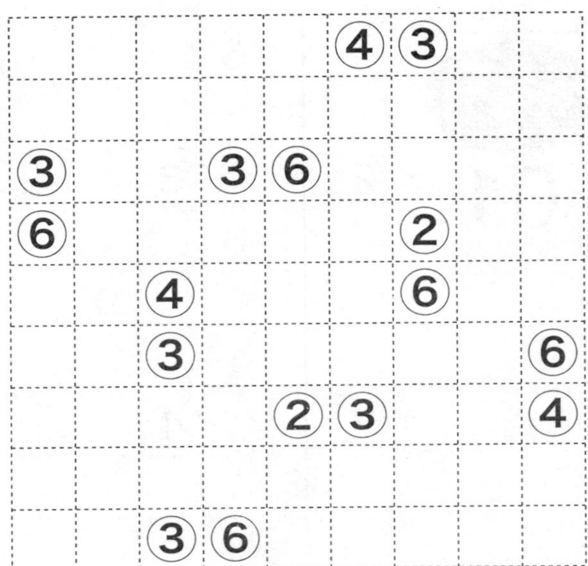

方格分割

04

		⑩						
						⑨		
			①					
⑤							④	
				⑨				
	⑥							⑧
					⑦			
		⑧						
						⑨		

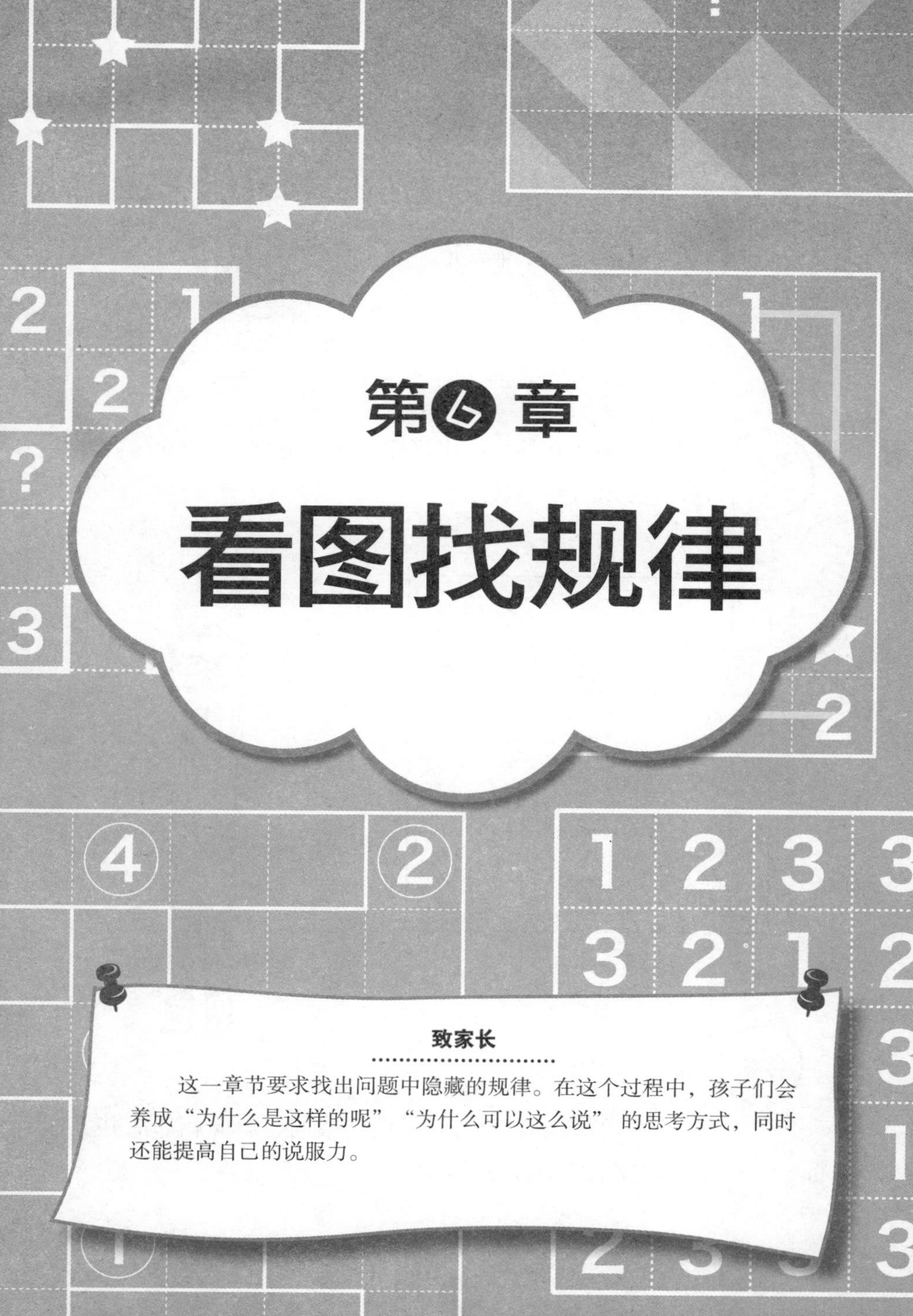

第6章

看图找规律

致家长

这一章节要求找出问题中隐藏的规律。在这个过程中，孩子们会养成“为什么是这样的呢”“为什么可以这么说”的思考方式，同时还能提高自己的说服力。

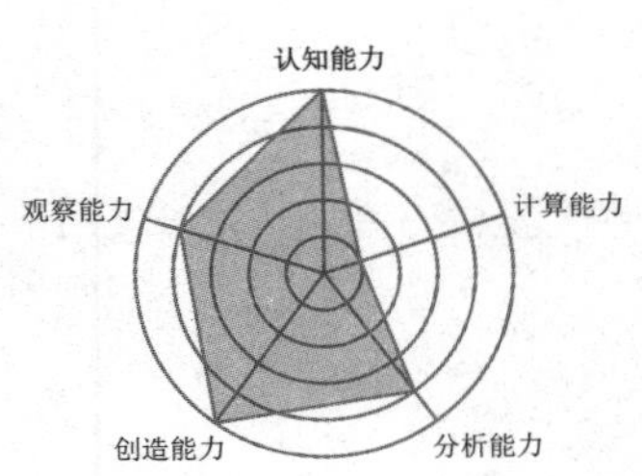

规则

找出每个问题中隐藏的规律，推导出正确答案。

下图中的数字是按一定规律写进小方格的。请问?处应该填入什么数字?

1			2	
	3	4		2
		?	4	
1	3		4	
		2		1

答案 5

小方格中的数字表示与其纵向、横向、斜向相邻的并且写有数字的小方格的数量。

看图找规律

01

下图中的☆是按一定规律放置的，剩下还有一处可以放一个☆。应该放在哪里呢？

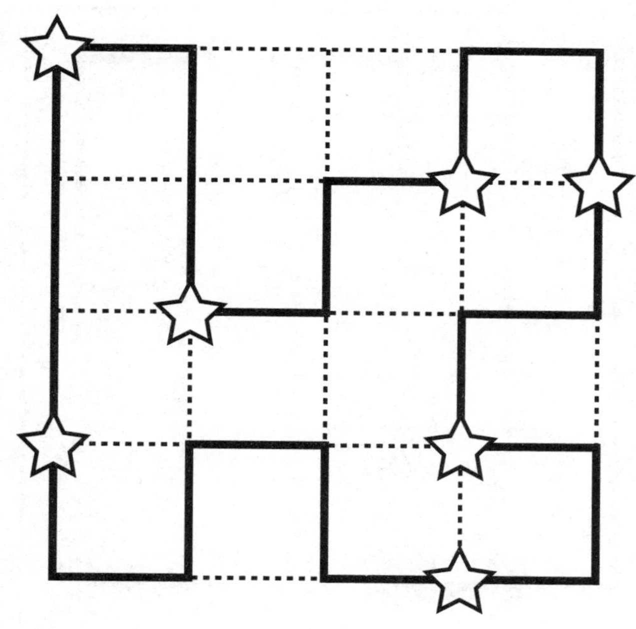

看图找规律

02

下图中的数字和☆是按一定规律用线连接起来的。请问“？”处的数字是几呢？

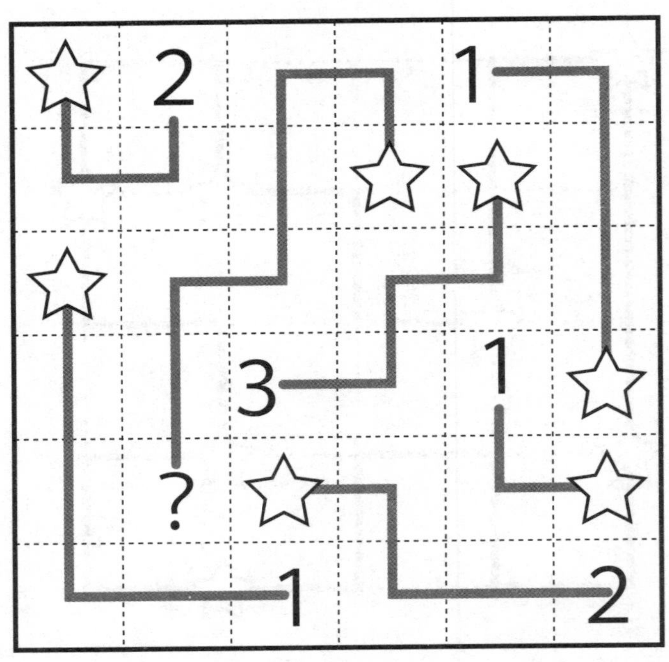

看图找规律

03

下图中的数字是按一定规律排列的。请问“？”处的数字是几呢？

1	2	3	3	3
3	2	1	2	2
3	3	?	3	3
2	1	2	1	3
2	3	3	3	1

看图找规律

04

下图中的☆是按一定规律放置的，剩下还有一处可以放一个☆。应该放在哪里呢？

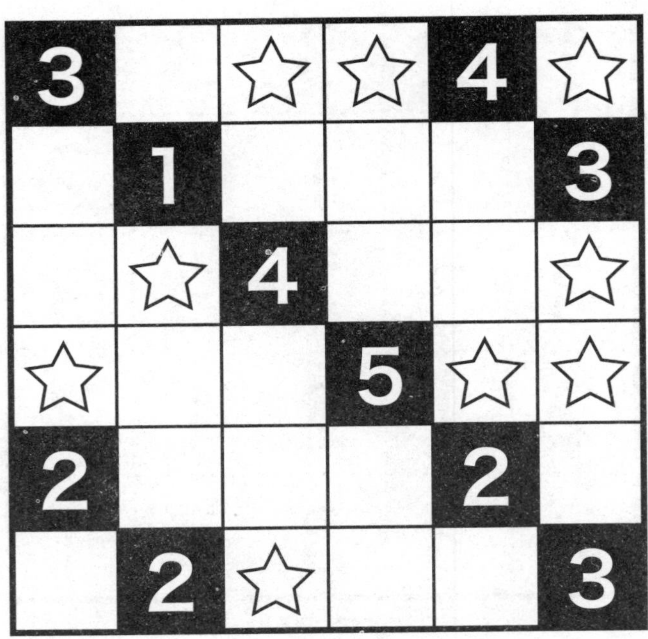

05

下图中的数字是按一定规律填入的。请问“？”处的数字是几呢？

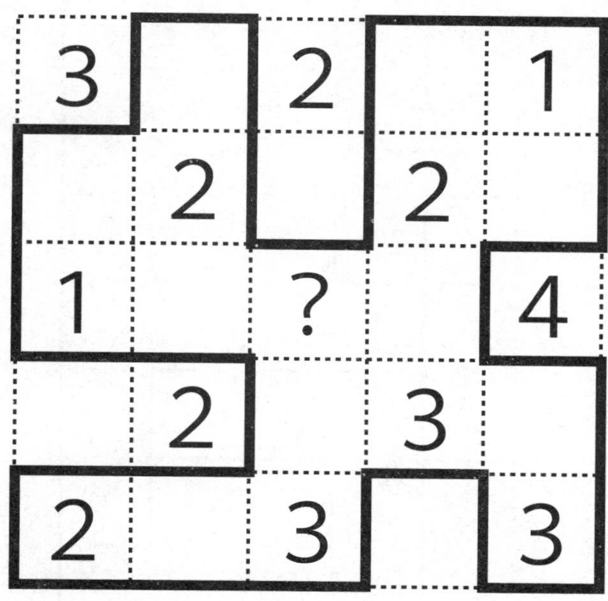

看图找规律

06

下图中数字是按一定规律填入的。请问“？”处的数字是几呢？

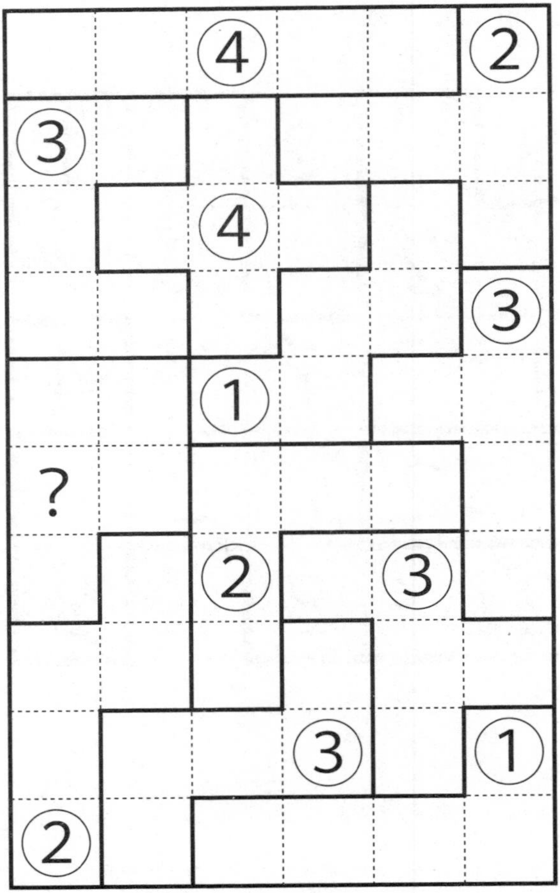

		④			②
③					
		④			
					③
		①			
?					
		②		③	
			③		①
②					

方格分割

下图中阴影部分是按一定规律涂色的。请问“？”处的小方格应该怎么涂色呢？

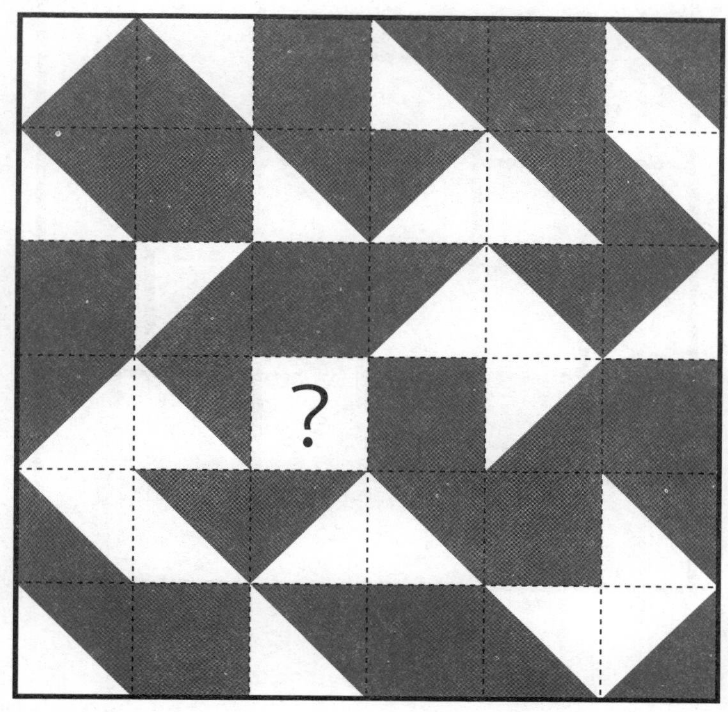

方格分割

下图被墙体按一定规律分成了各种各样的小房子。剩下还有一处可以放一面墙。应该放在哪里呢？

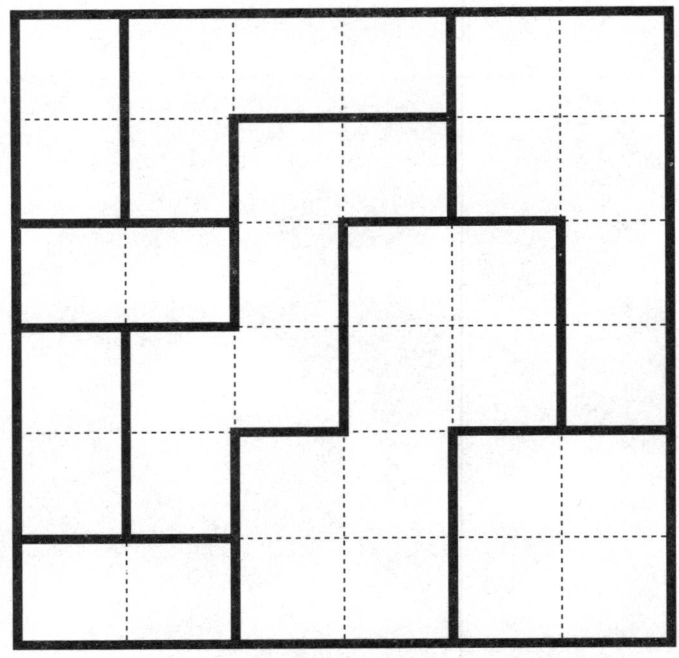

第7章

乘法数独

致家长

这一章节旨在提高孩子们的计算能力。同时孩子们在找答案的过程中会思考应该使用什么数字，这个过程能提高他们的逻辑思维能力。

乘法数独

规则

1. 请在方格中填入 1~9 中的任意数字。
2. 由实线圈起来的四方形称为方盒。方盒左上角的数字是整个方盒中的数字相乘的积。
3. 方盒彼此连接处的两个小方格中的数字是相同的。

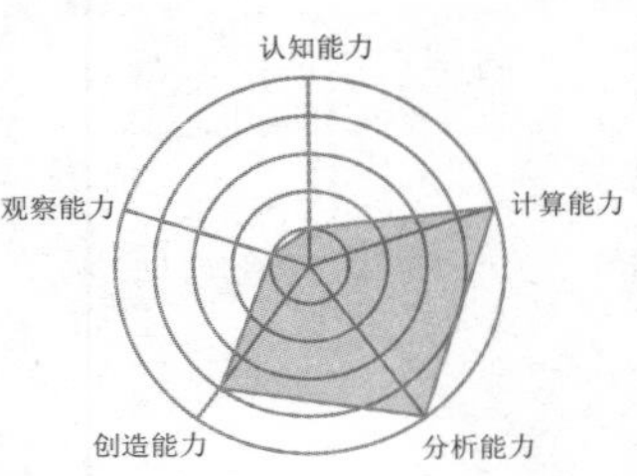

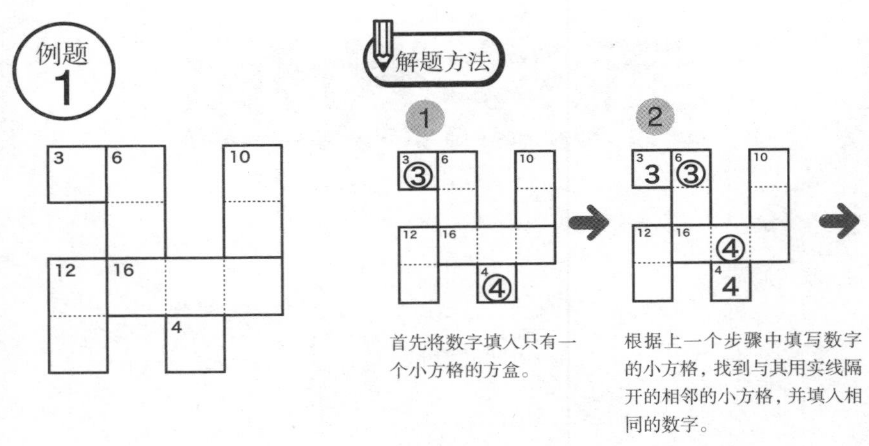

1. 首先将数字填入只有一个小方格的方盒。
2. 根据上一个步骤中填写数字的小方格，找到与其用实线隔开的相邻的小方格，并填入相同的数字。

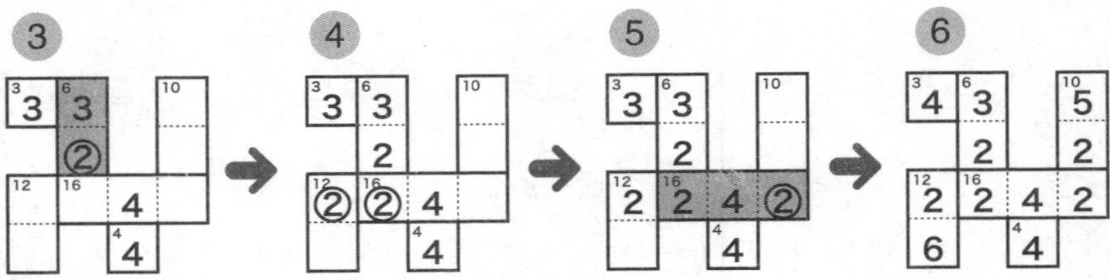

3. 观察阴影部分的方盒，其中数字相乘的积是6，所以下面的小方格应填的数字是 2。
4. 根据上一步骤填入数字 2 的小方格，可以确定该小方格下面及其左下的小方格中的数字也是 2。
5. 按照 16=2×4×？的方式思考答案。
6. 将所有的小方格中都填上数字，这道题就完成了！

乘法数独

例题 2

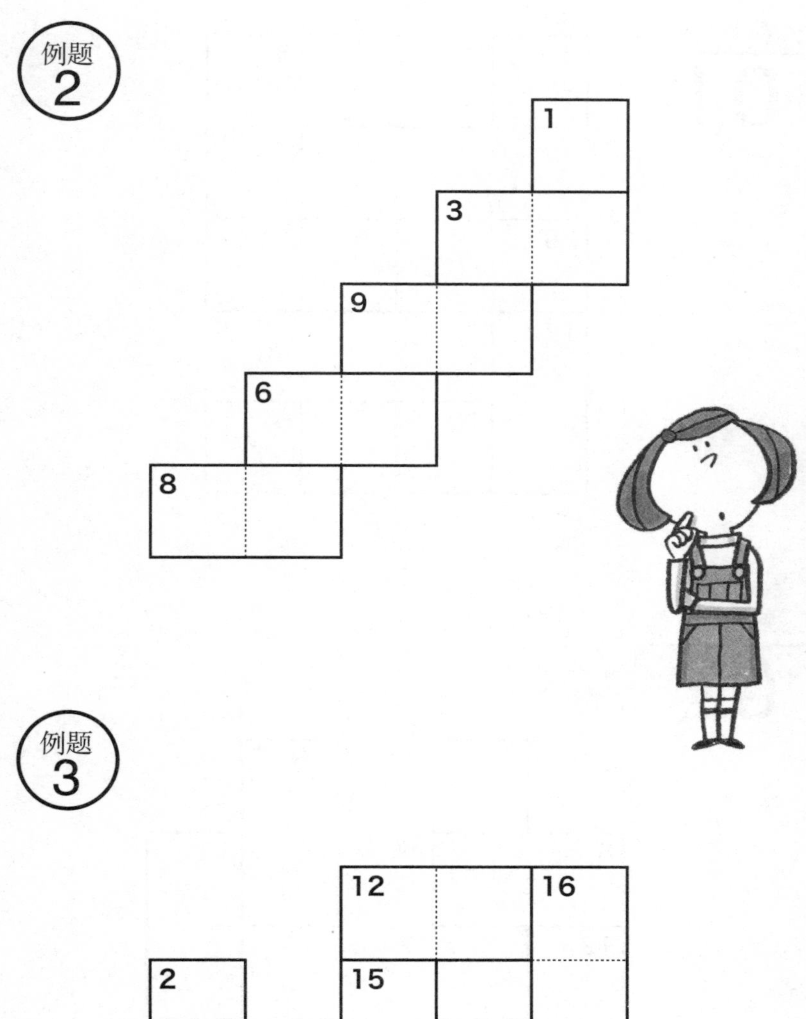

例题 3

		12		16
2		15		
10				

乘法数独

01

3	6		8
28		16	
14			
	10		5

乘法数独

02

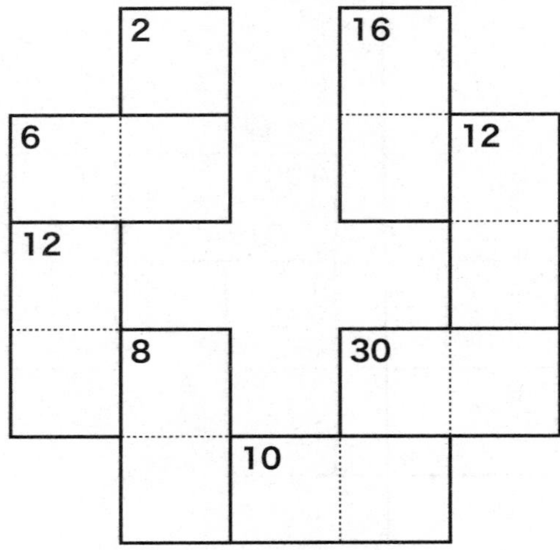

乘法数独

03

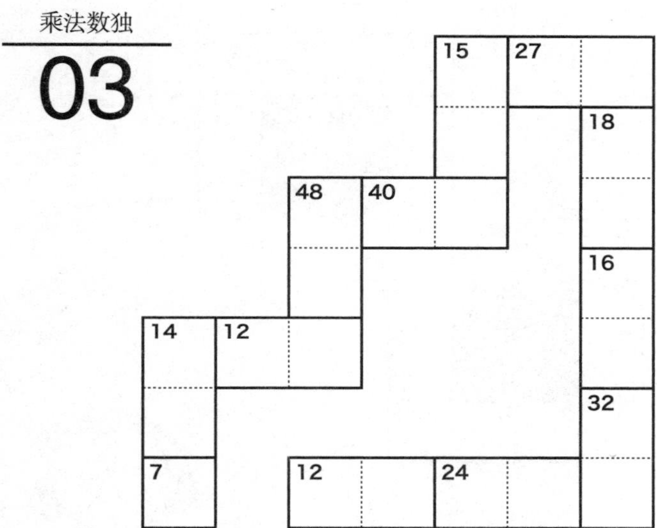

乘法数独

04

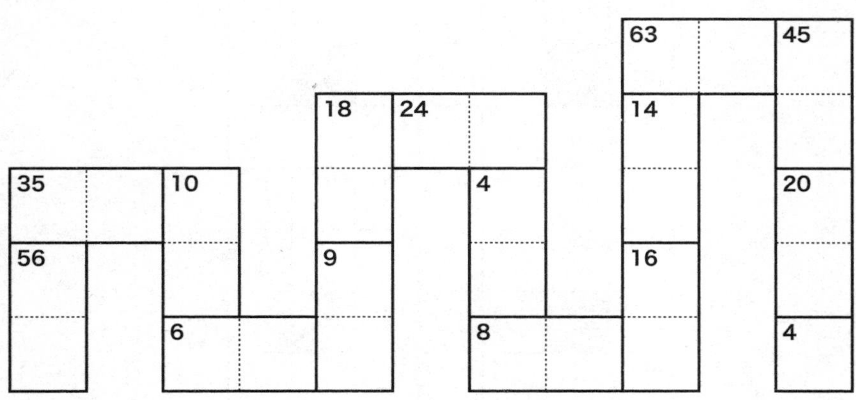

乘法数独

05

			18		72	
			6			56
28		24			14	
63			15			
	9	45				

乘法数独

06

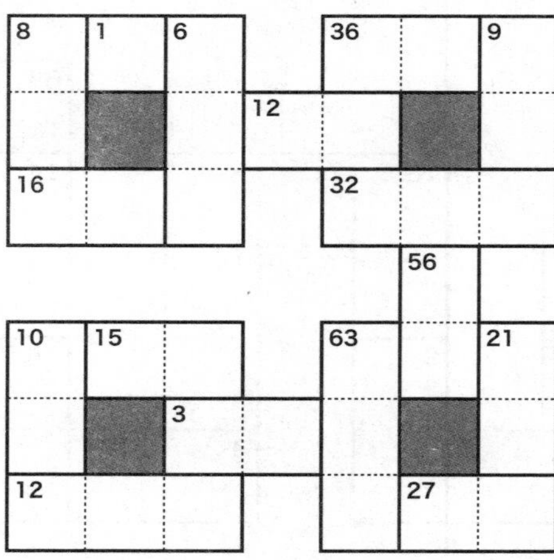

乘法数独

07

16
24
9
28
40
24
21
45
35
56
27
54
9
48
8

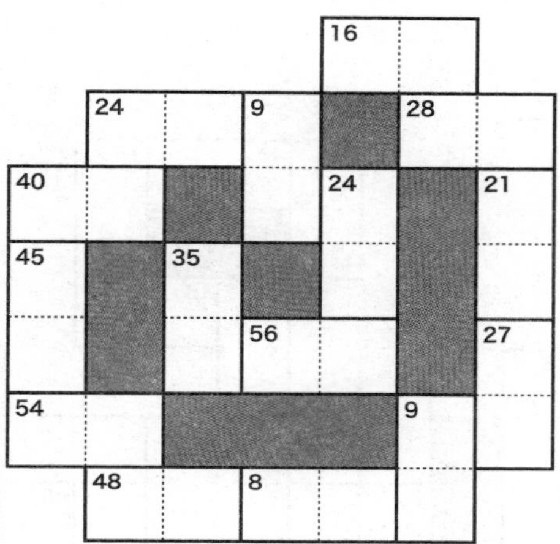

乘法数独

08

14
18
56
48
24
36
64
16
6
24
32
27
6
12
9
16
36

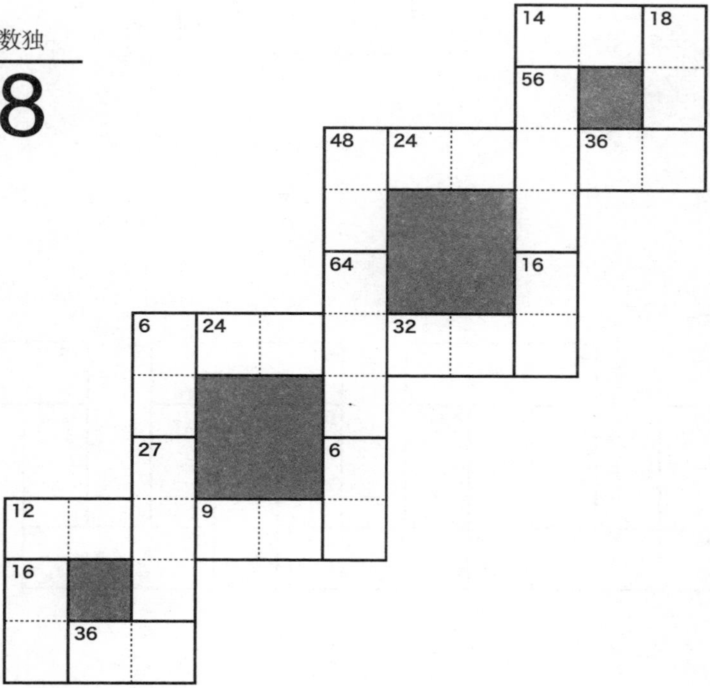

乘法数独

09

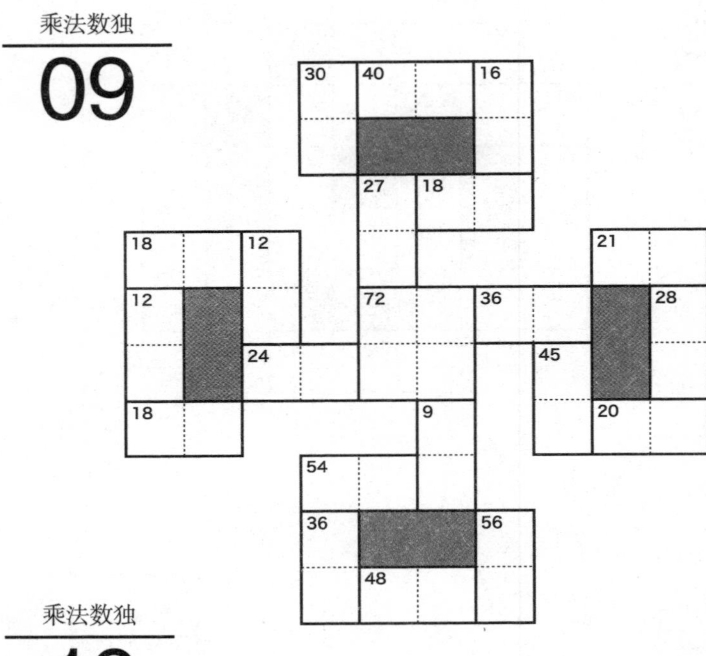

乘法数独

10

		40				63				56		
10		15		48		54		9		12		16
45				36				27				

乘法数独

挑战题！

01

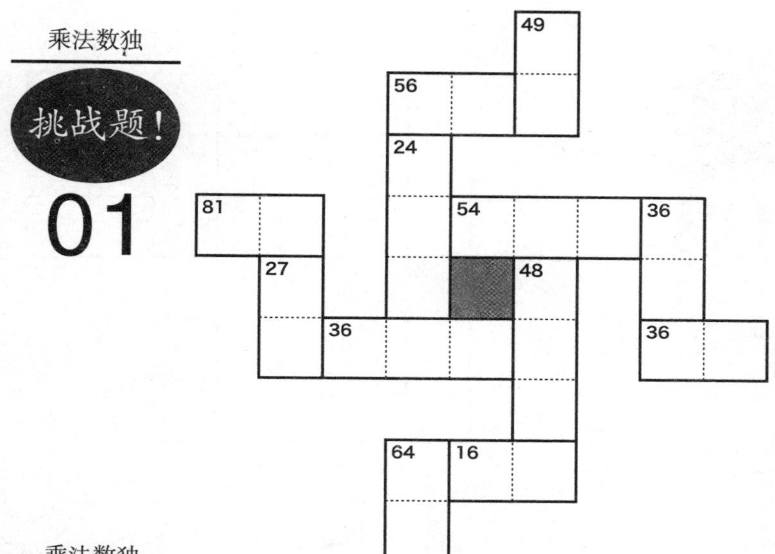

乘法数独

挑战题！

02

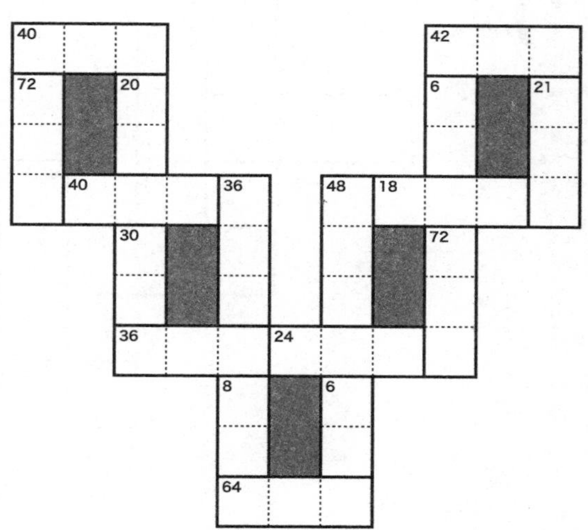

乘法数独

挑战题！

03

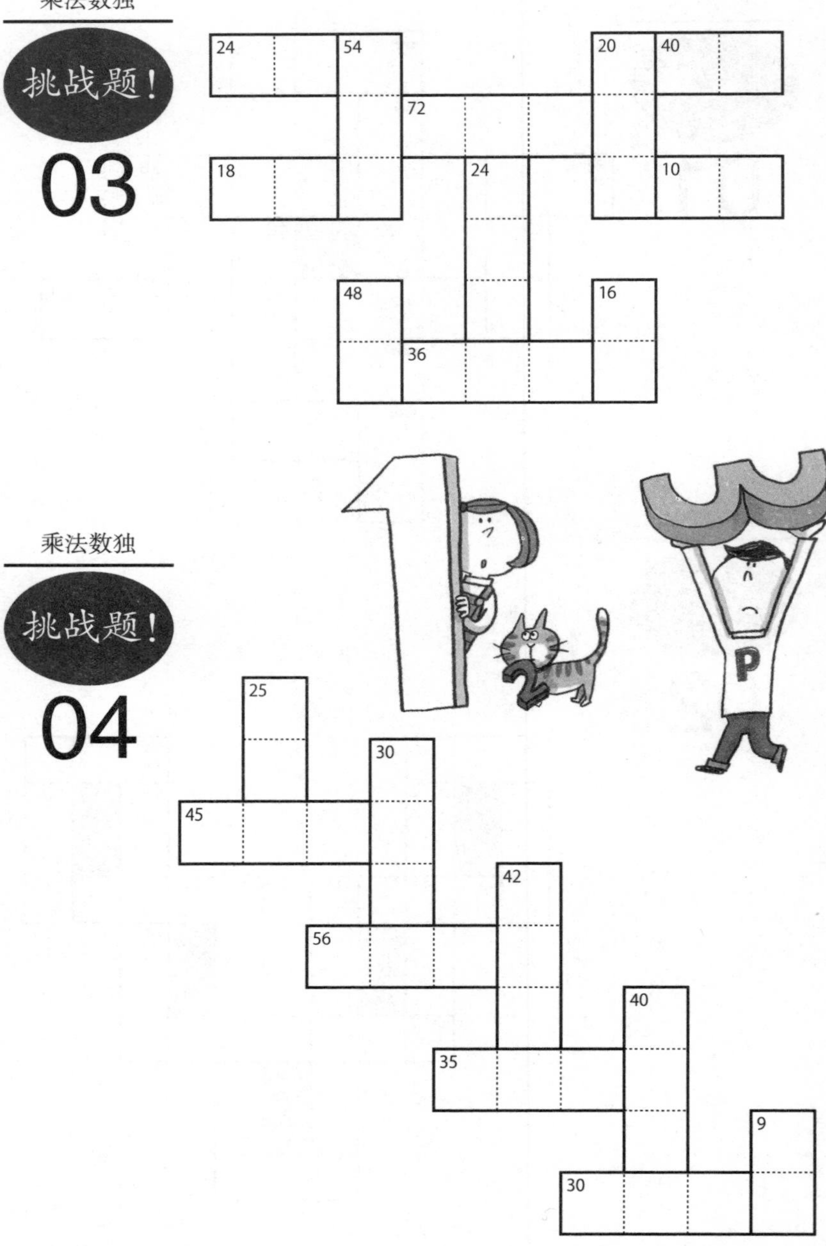

乘法数独

挑战题！

04

第8章

倍数链

致家长

这一章节不仅可以提高孩子们的计算能力，通过思考几个数字的公倍数还可以提高孩子们的思维能力，培养数感。

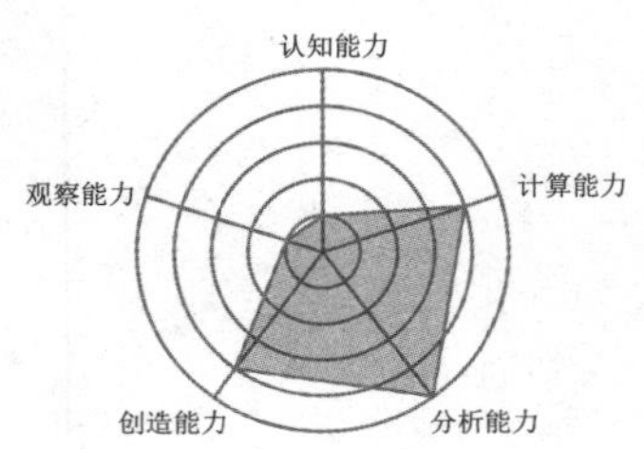

规则

①请在虚线围起来的地方放上“数字卡片”。

②用实线连起来的两处，一方是另一方的倍数。用虚线连接的两处不能成为彼此的约数或倍数。

例题 1

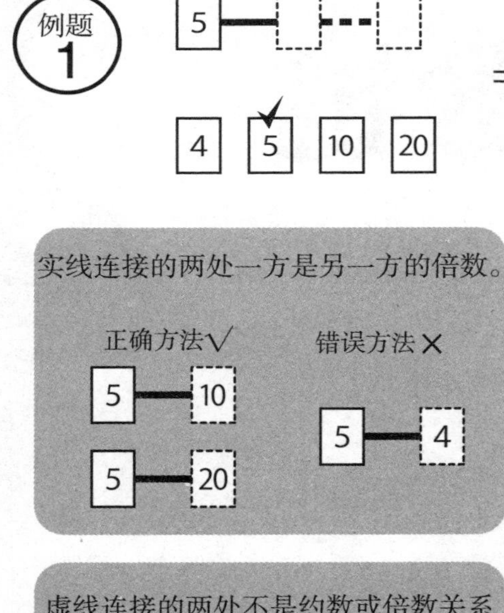

⇒

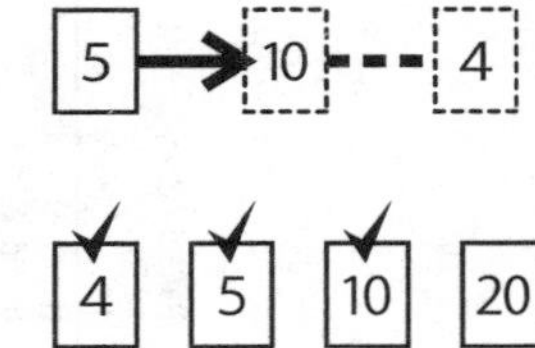

⚠ 注意！

一张卡片只能使用一次。

有的题目不需要使用所有的卡片。

虚线连接的两处不是约数或倍数关系

正确方法√

10 - - - 4

错误方法×

10 - - - 20

20 - - - 4

卡片放好之后，请在实线上指向倍数的一端画上箭头。

约数 5 —— 10 倍数

5 是 10 的约数，10 是 5 的倍数，所以将箭头画在指向 10 的一端。

5 → 10

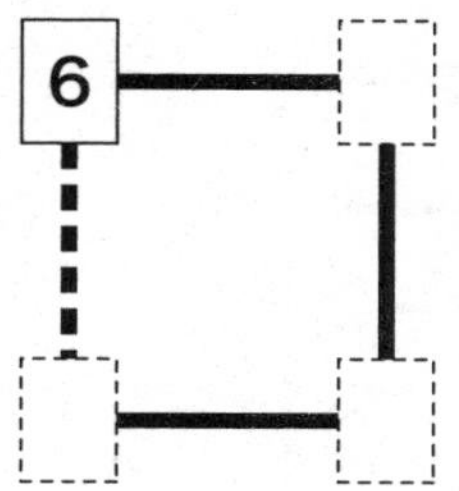

4	6 ✓	8	10	12

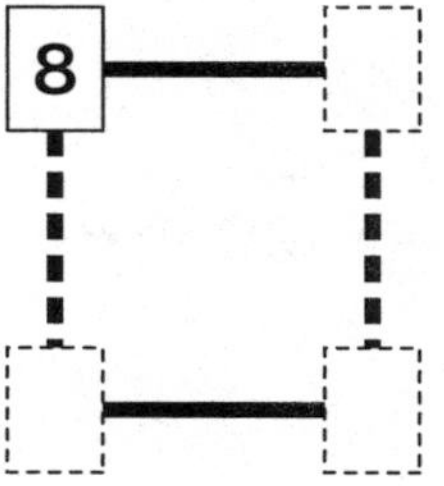

6	8 ✓	12	18	24

倍数链

01

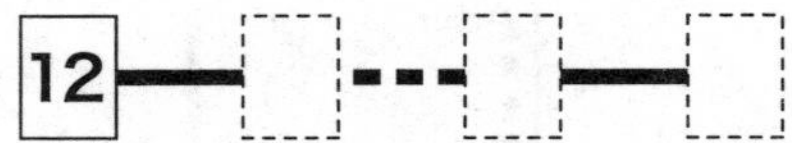

3 6 9 12✓

倍数链

02

20

8 16 20✓ 40

倍数链

03

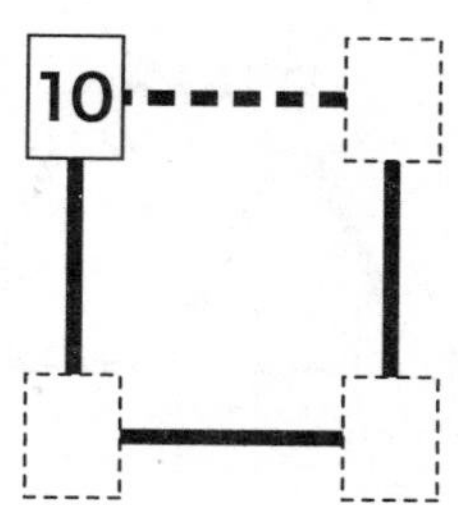

2 3 5 10 15

倍数链

04

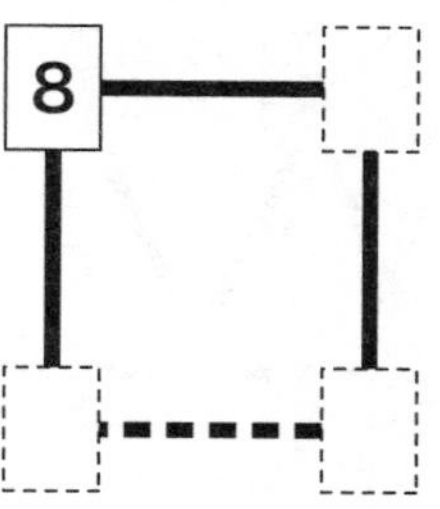

2 4 8 10 12

倍数链

05

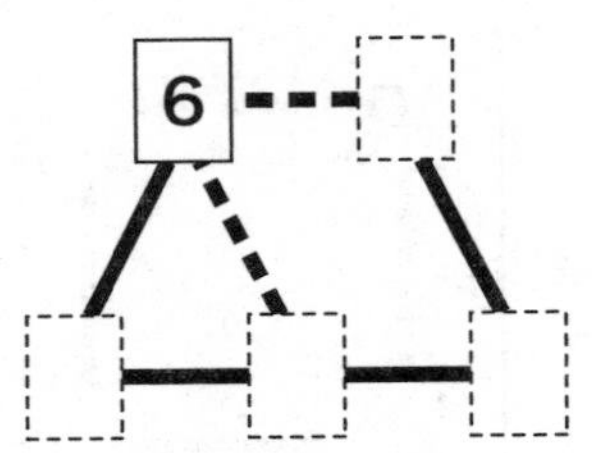

2	3	4
6 ✓	8	12

倍数链

06

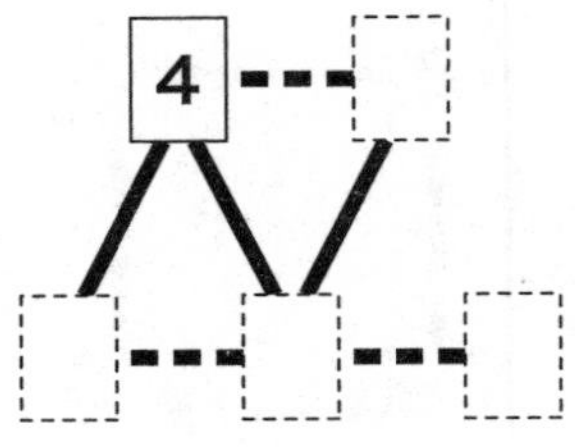

4 ✓	8	10
20	30	40

倍数链

07

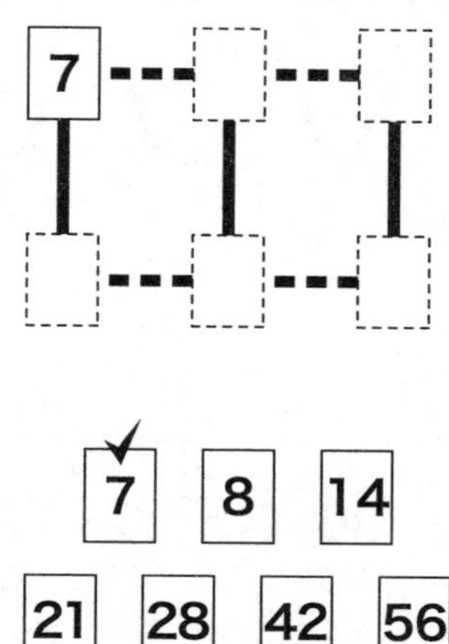

倍数链

08

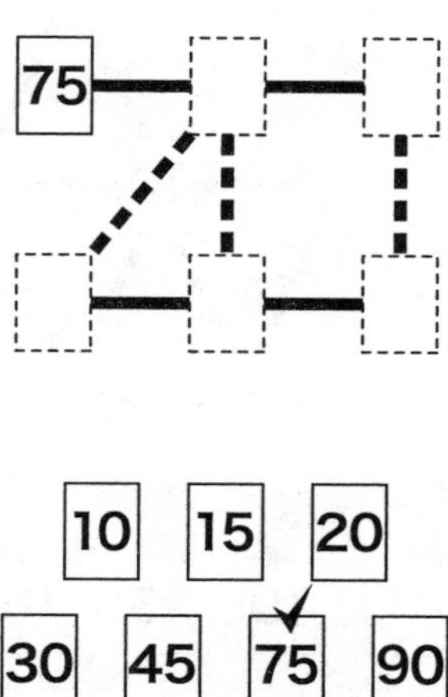

倍数链

09

倍数链

10

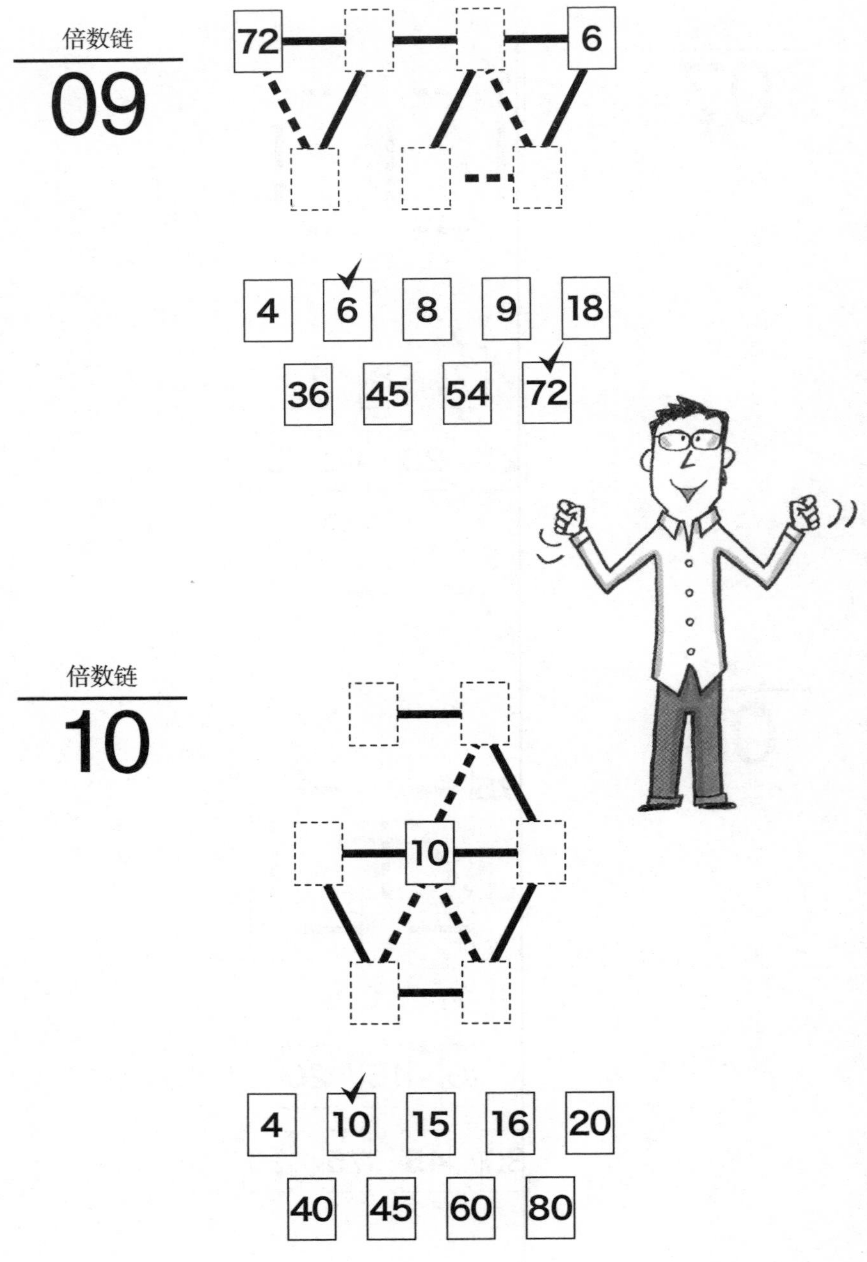

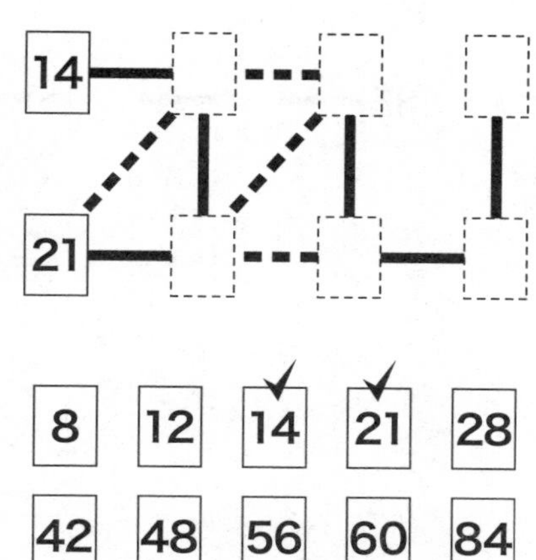

8	12	14 ✓	21 ✓	28
42	48	56	60	84

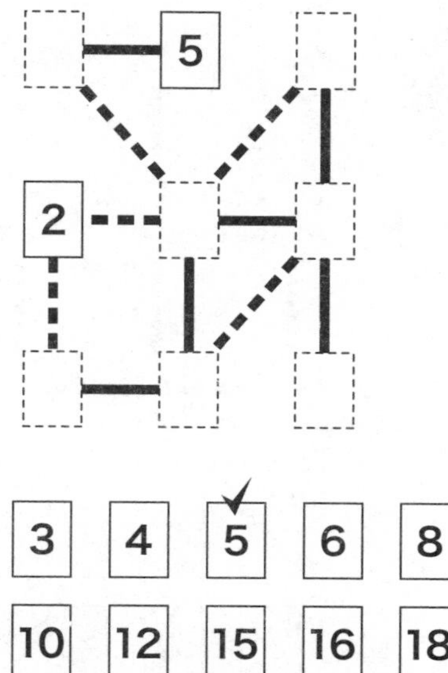

2 ✓	3	4	5 ✓	6	8
9	10	12	15	16	18

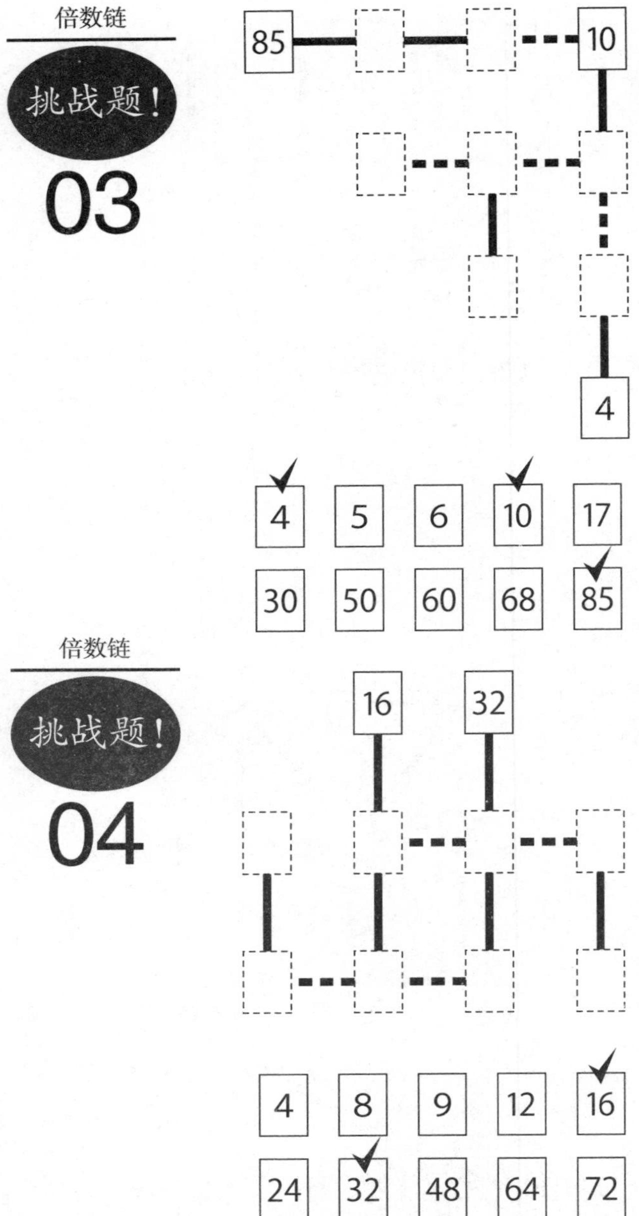
倍数链
挑战题！
03
85
10
4
4
5
6
10
17
30
50
60
68
85
倍数链
挑战题！
04
16
32
4
8
9
12
16
24
32
48
64
72

第9章

公倍数连线

致家长

这一章节通过找出多个数字的公倍数培养孩子们的数感，锻炼他们在复杂的条件中找到正确答案的能力。

公倍数连线

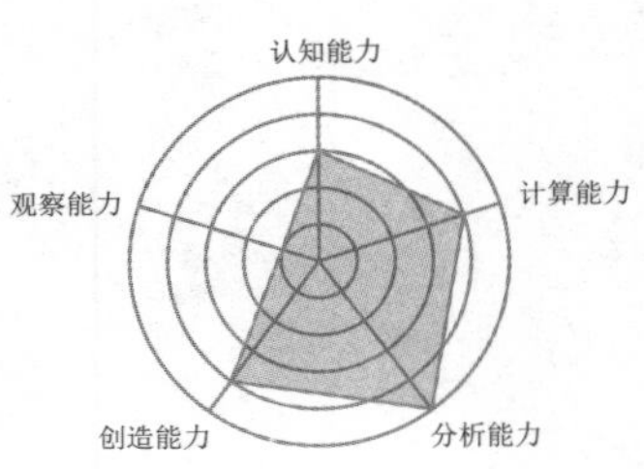

规则

①请用线将两个○圈起来的数字按一组连接起来。

②组成一组的两个数字之间的连线只能通过这两个数字的公倍数 1 次。

③ 1 个小方格只允许 1 根连线通过。

例题 1

③		30	
	④		24
	18		⑤
12		⑥	

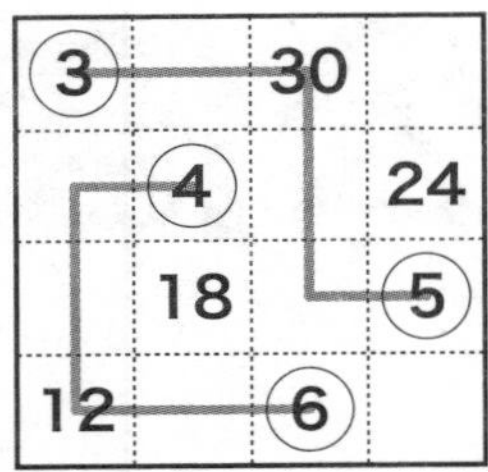

解题方法

1

③		30	
	④		24
	18		⑤
12		⑥	

5 的倍数只有 30 一个，所以从 5 画出一条线通过 30。

2

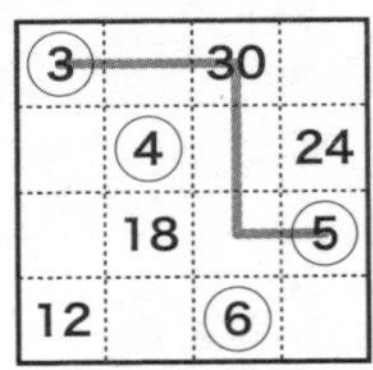

再向前有 3 和 4 两个数字，但是因为 30 只能是 3 的倍数，所以将线连向 3。

3

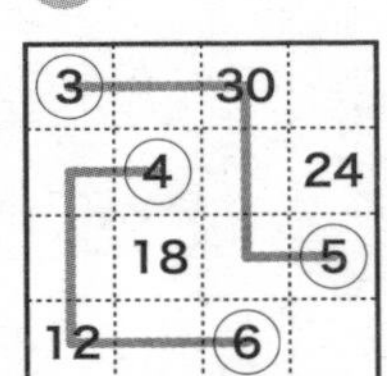

剩下还有 4 和 6 两个数字。4 和 6 的公倍数是 12，所以画一条线通过 12 连接 4 和 6。

②			10
	15	③	
④		12	
20		⑤	

例题 3

③				14
	16	⑤	21	
④		40		⑦
30		⑥		28
		12		⑧

公倍数连线

01

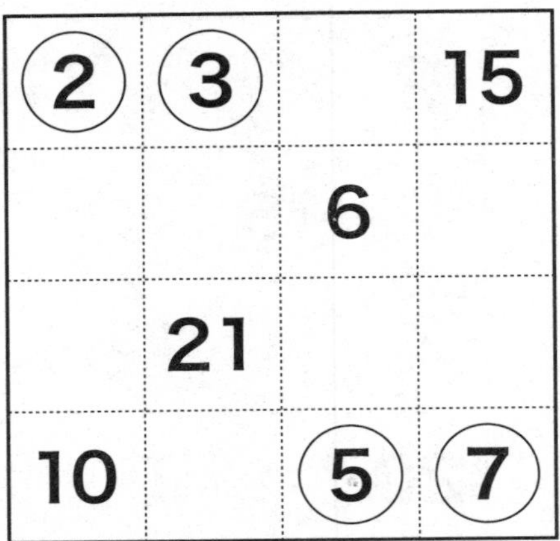

公倍数连线

02

⑦			
42		28	②
		③	
16	④	18	

公倍数连线

03

<table>
<tr><td></td><td></td><td></td><td></td><td></td></tr>
<tr><td>24</td><td>⑮</td><td>36</td><td>⑥</td><td></td></tr>
<tr><td></td><td>45</td><td></td><td></td><td></td></tr>
<tr><td></td><td>⑧</td><td></td><td>⑩</td><td>30</td></tr>
<tr><td>72</td><td></td><td></td><td>40</td><td></td></tr>
</table>

公倍数连线

04

<table>
<tr><td></td><td></td><td></td><td></td><td>32</td></tr>
<tr><td></td><td>36</td><td>⑧</td><td></td><td></td></tr>
<tr><td></td><td>⑥</td><td>64</td><td>④</td><td></td></tr>
<tr><td></td><td>40</td><td>⑩</td><td></td><td></td></tr>
<tr><td></td><td></td><td>24</td><td></td><td>60</td></tr>
</table>

公倍数连线

05

42				72
	④	56	⑦	
	⑤		⑧	
	⑥	60	⑨	
				45

公倍数连线

06

60	⑤			63
⑥	72		45	⑦
30			⑧	
40		⑨		56
	⑩		90	

公倍数连线

07

	⑥	20			40
	⑩			⑧	
		30		③	
	⑤	15		32	
	②			④	16
45				⑨	

公倍数连线

08

10				30	
	②	③			35
	④	⑤		63	
	40		⑥	⑦	
			⑧	⑨	
	24	60			72

公倍数连线

09

			③		②
	45			6	
		50	⑩	24	④
⑤	40	⑨			
30				20	
⑥	60	⑧			72

公倍数连线

10

48					②
	36	④	14	③	
	⑤			15	
	32			⑥	
	⑧	45	⑦	42	
⑨					27

公倍数连线

挑战题！ 01

				60		72
	③	④	⑤	⑥		
36						
			42	48		63
		⑦	⑧	⑨	⑩	
	40					70

公倍数连线

挑战题！ 02

			28			
	⑨		⑩	20	⑤	
	36				30	
	②	70		10	④	
			40		18	
24	③	48	⑥		⑦	
			21			42

公倍数连线

挑战题！

03

			⑫	60	40	
80	㉕		50		⑤	
		48	⑧			
	⑥		36		④	72
		75	⑱		54	
	⑮		30		⑩	
	90		⑨			

公倍数连线

04

24			72			36
	②	③		30	⑨	
	60	⑧		⑤	⑱	
		64			90	
	⑳	⑥		④		
	⑯			⑩	⑫	
80			48			40

第10章

立方体面积之谜

致家长

这一章节为计算面积的益智游戏，通过将所有图形具体化，培养孩子们的空间认知能力。如果想要通过构建空间图形来锻炼逻辑思维能力和想象力的话，那就快来练习吧！

立方体面积之谜

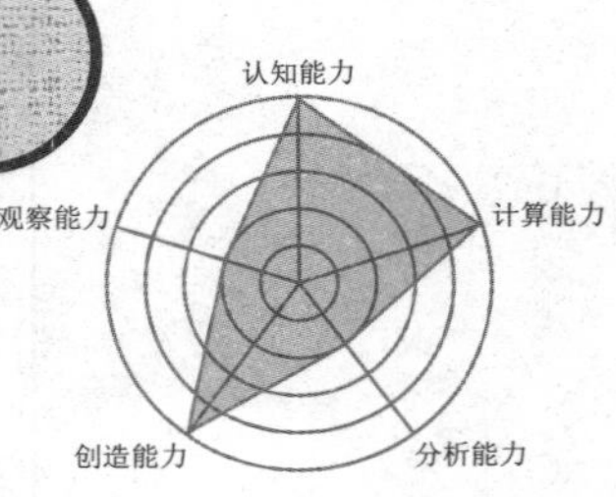

规则

请以给出的长度和面积为线索，计算“？”处应该填入的数字。

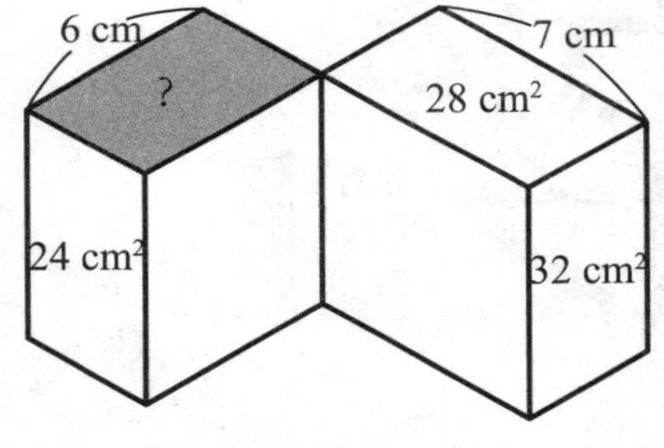

长方形的面积计算公式为：
长方形面积 = 长 × 宽，
所以请从已知的边长和面积开始计算吧。将求好的边长等信息填入图中，会对下一步需要计算的信息很有帮助。

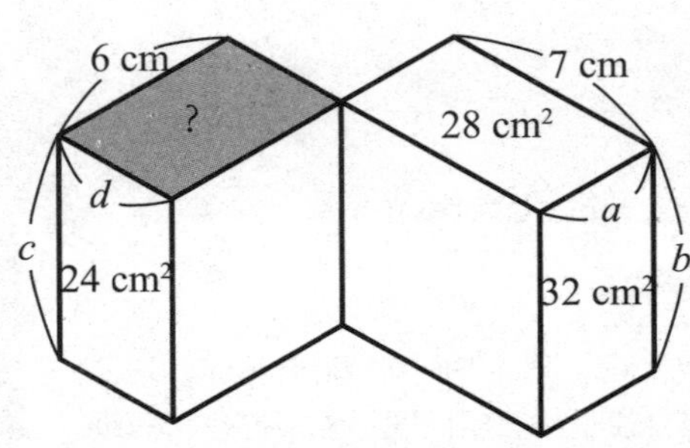

a 的长度……28 ÷ 7=4（cm）

b 的长度……32 ÷ 4=8（cm）

c 的长度……和 b 相等，为 8cm

d 的长度……24 ÷ 8=3（cm）

由此得出“？”处的面积为：

3 × 6=18（cm^2）

答案 18cm^2。

※ 不需要借助分数、小数就能计算出答案。

※ 为了避免不计算就能看出答案的情况发生，图中的边长和面积已经做了处理，和真实情况存在误差。

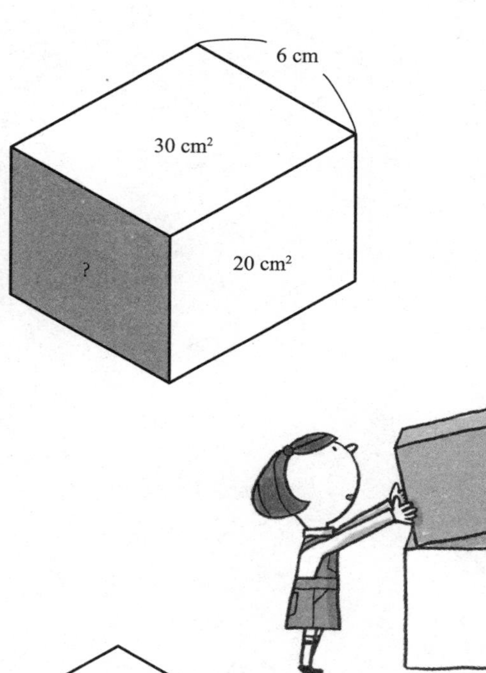

?

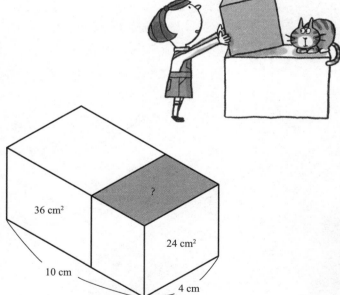

36 cm²

24 cm²

10 cm

4 cm

立方体面积之谜

01

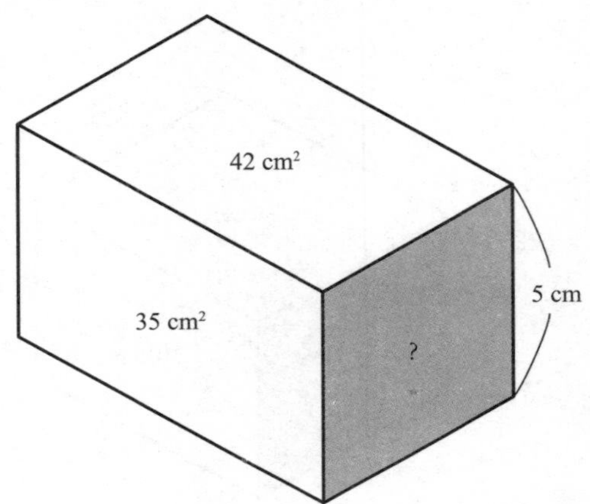

立方体面积之谜

02

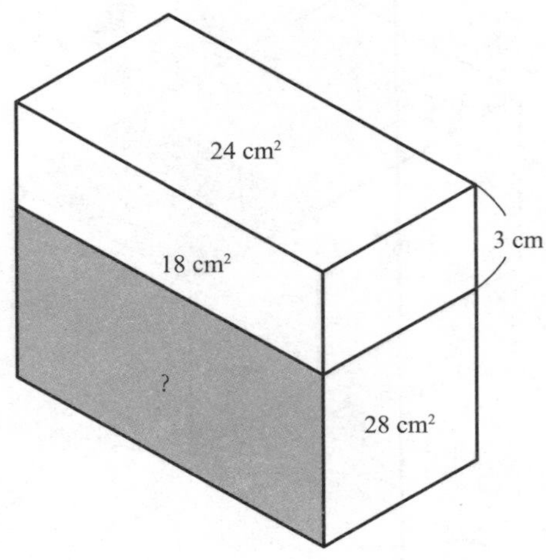

立方体面积之谜

03

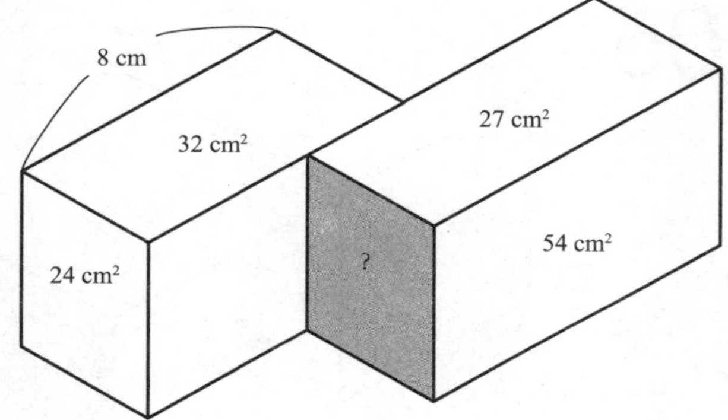

立方体面积之谜

04

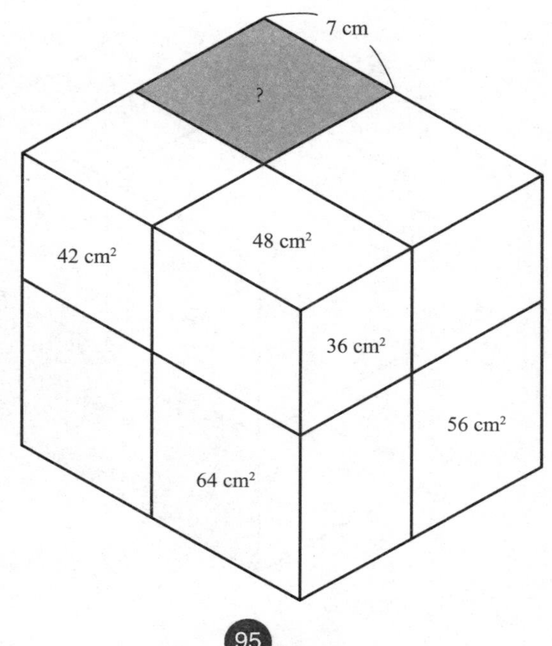

立方体面积之谜

05

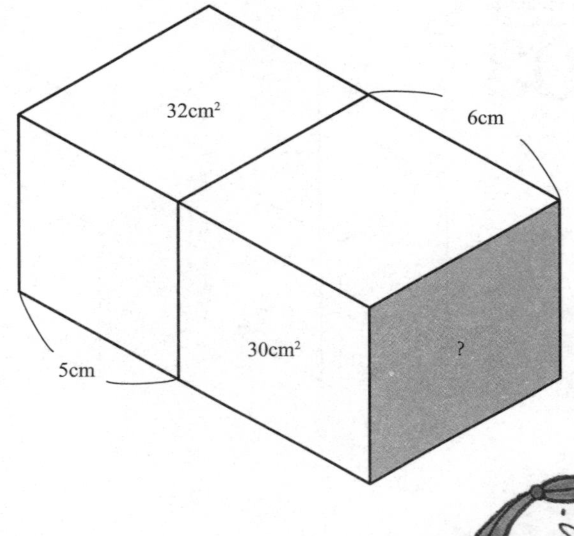

立方体面积之谜

06

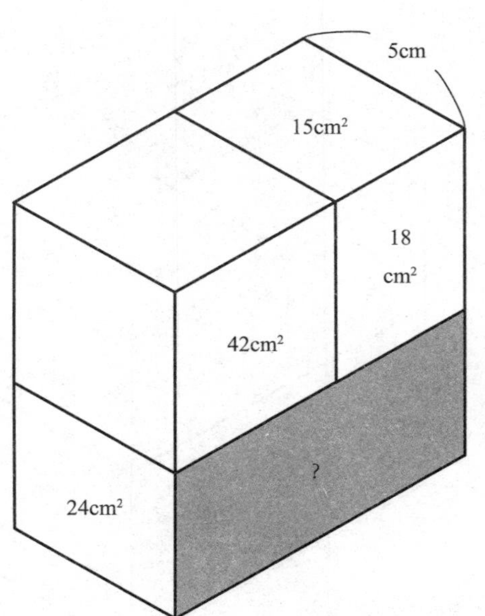

立方体面积之谜

07

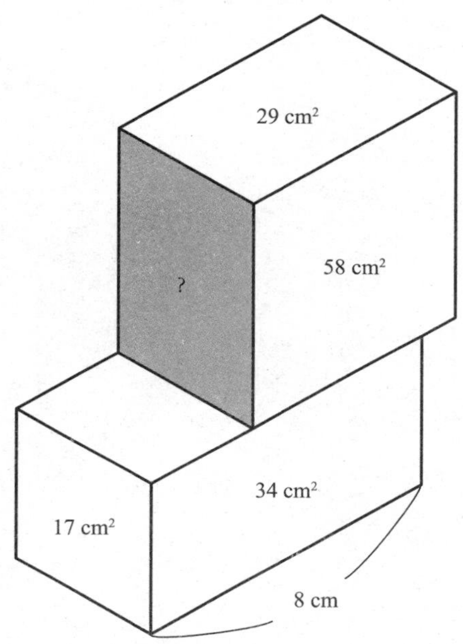

立方体面积之谜

08

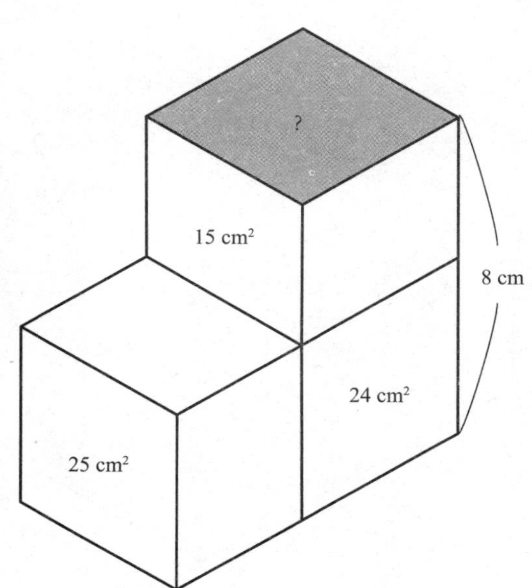

立方体面积之谜

09

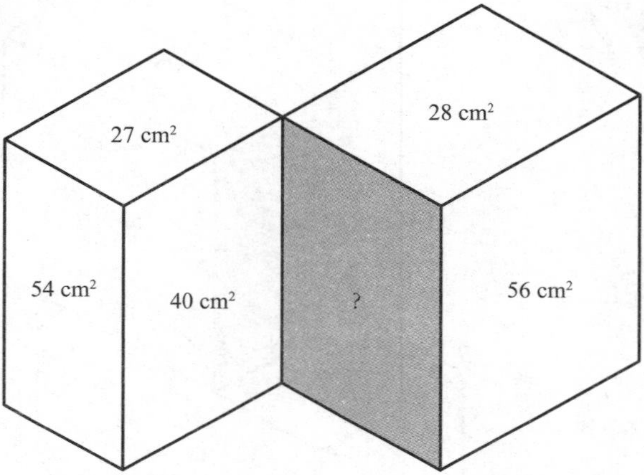

27 cm²

28 cm²

54 cm²

40 cm²

?

56 cm²

立方体面积之谜

10

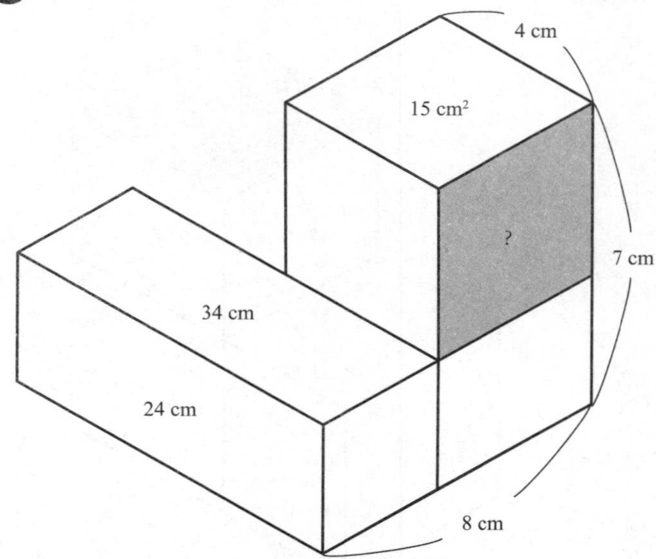

立方体面积之谜

01

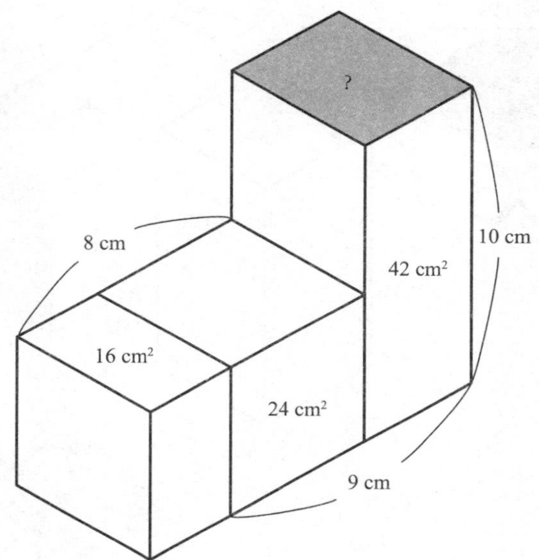

立方体面积之谜

挑战题！

02

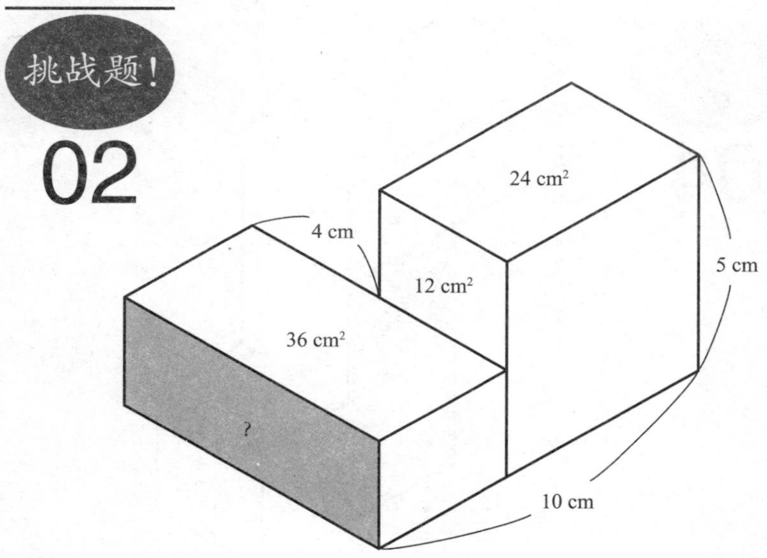

立方体面积之谜

挑战题！

03

9 cm

8 cm

36 cm²

16 cm²

?

32 cm²

3 cm

立方体面积之谜

挑战题！

04

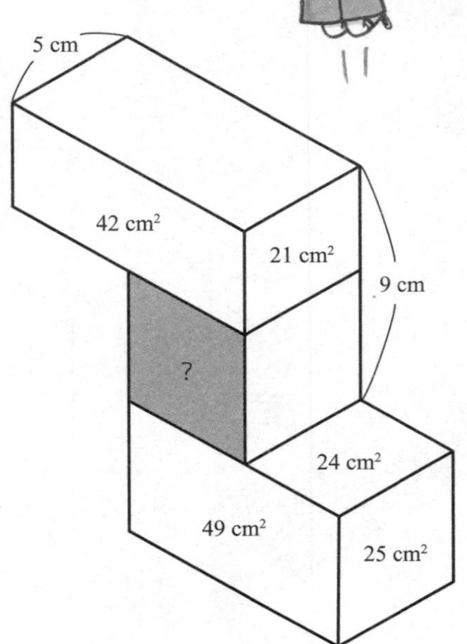

框水果游戏　答案

例题 2

哪里可以框出 3 个水果呢?

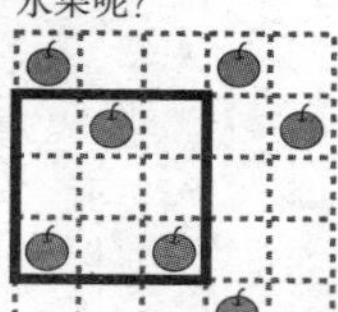

例题 3

哪里可以框出 4 个水果呢?

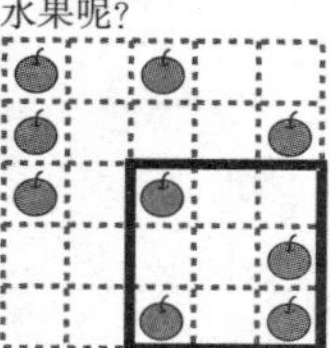

01 哪里可以框出 4 个水果呢?

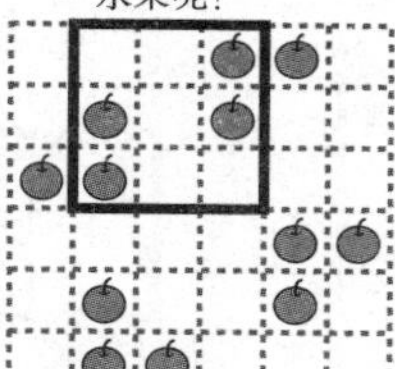

02 哪里可以框出 2 个水果呢?

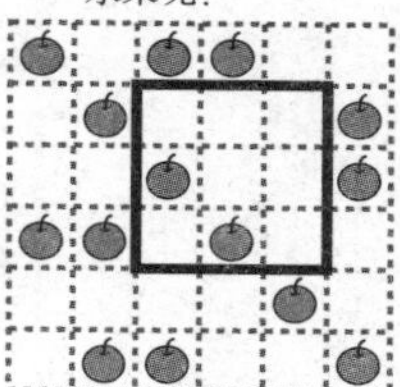

03 哪里可以框出 4 个水果呢?

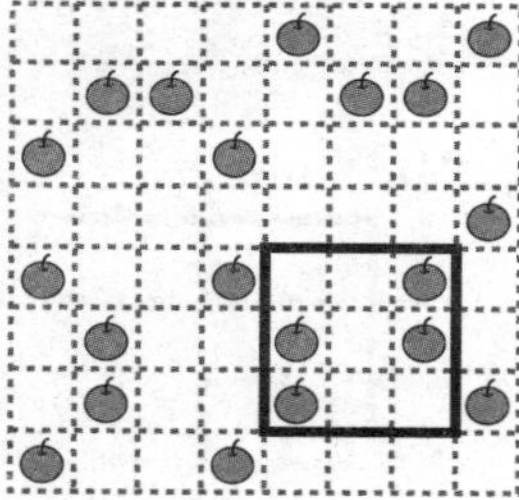

04 哪里框出 3 个水果呢?

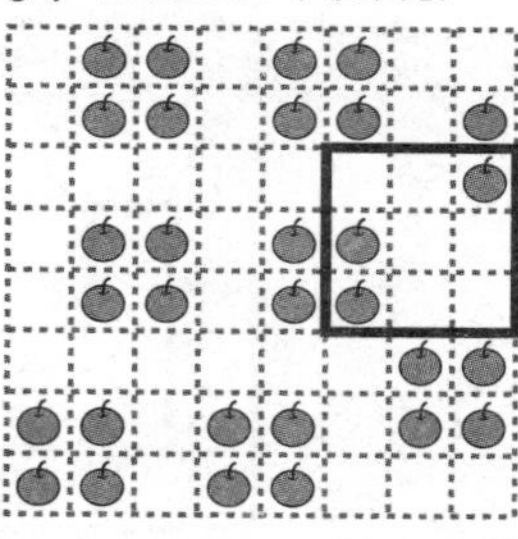

05 哪里框出 4 个水果呢?

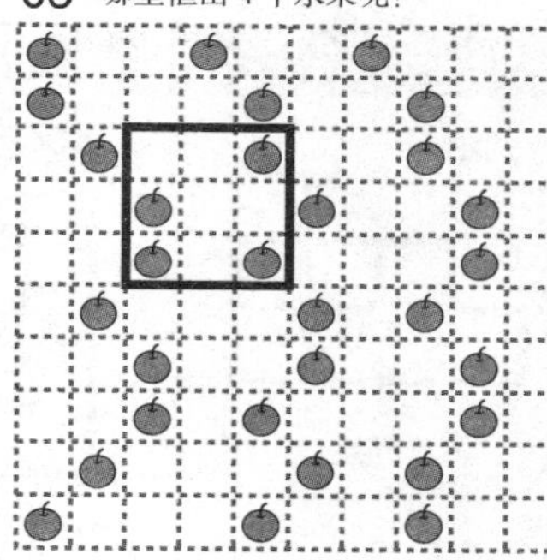

06 哪里可以框出 5 个水果呢?

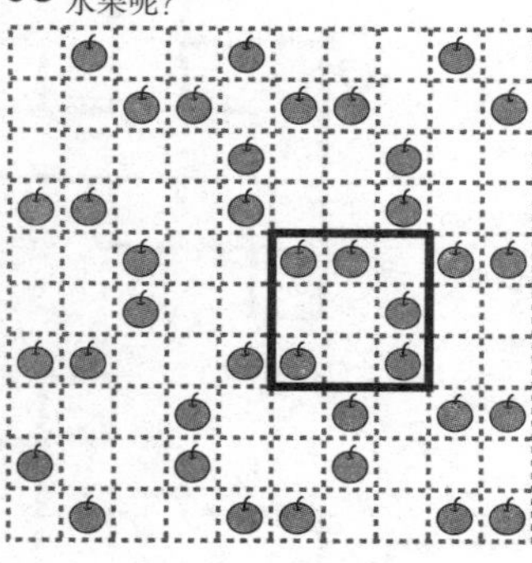

07 哪里可以框出 5 个水果呢?

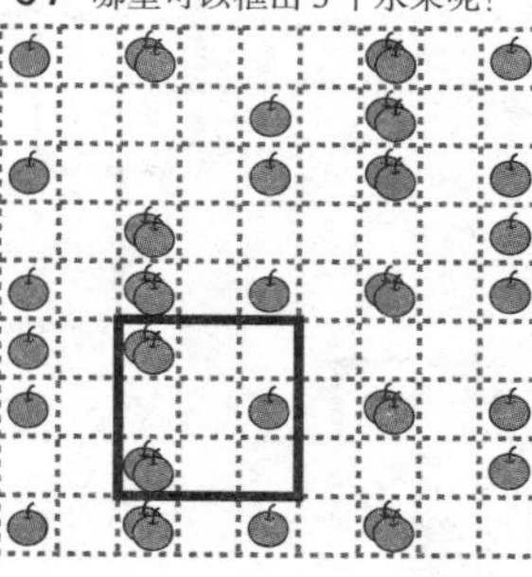

08 哪里可以框出 6 个水果呢?

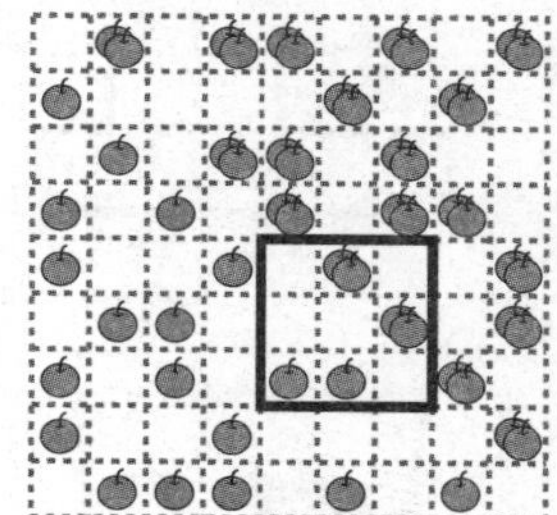

09 哪里可以框出 3 个苹果、3 个梨呢?

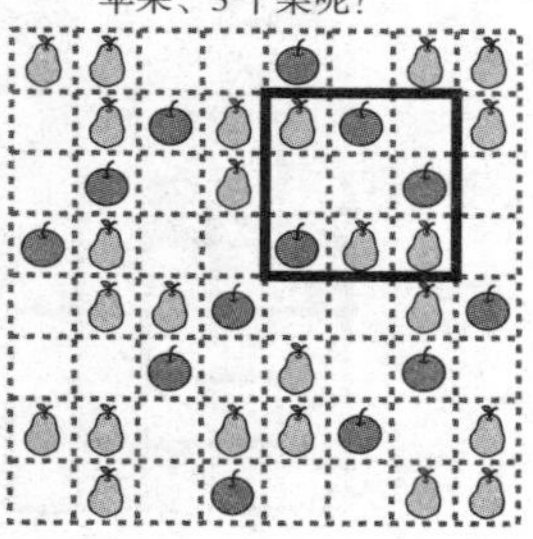

10 哪里可以框出 2 个苹果、2 个梨呢?

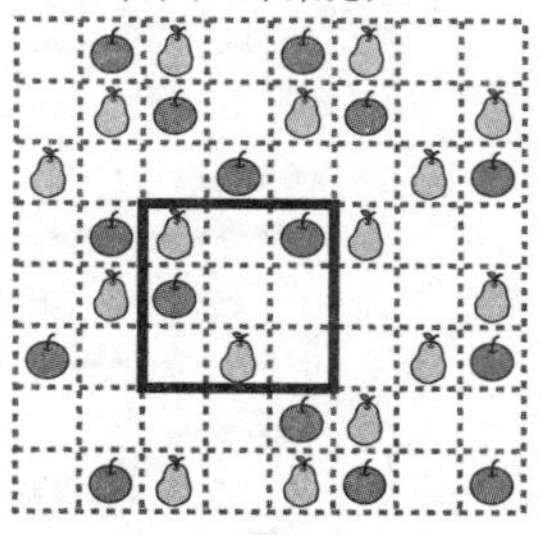

挑战题 01 在哪里框可以让苹果和梨的数量相同呢?

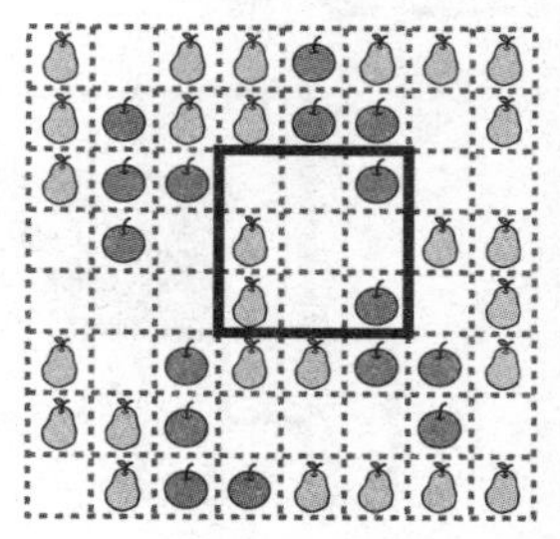

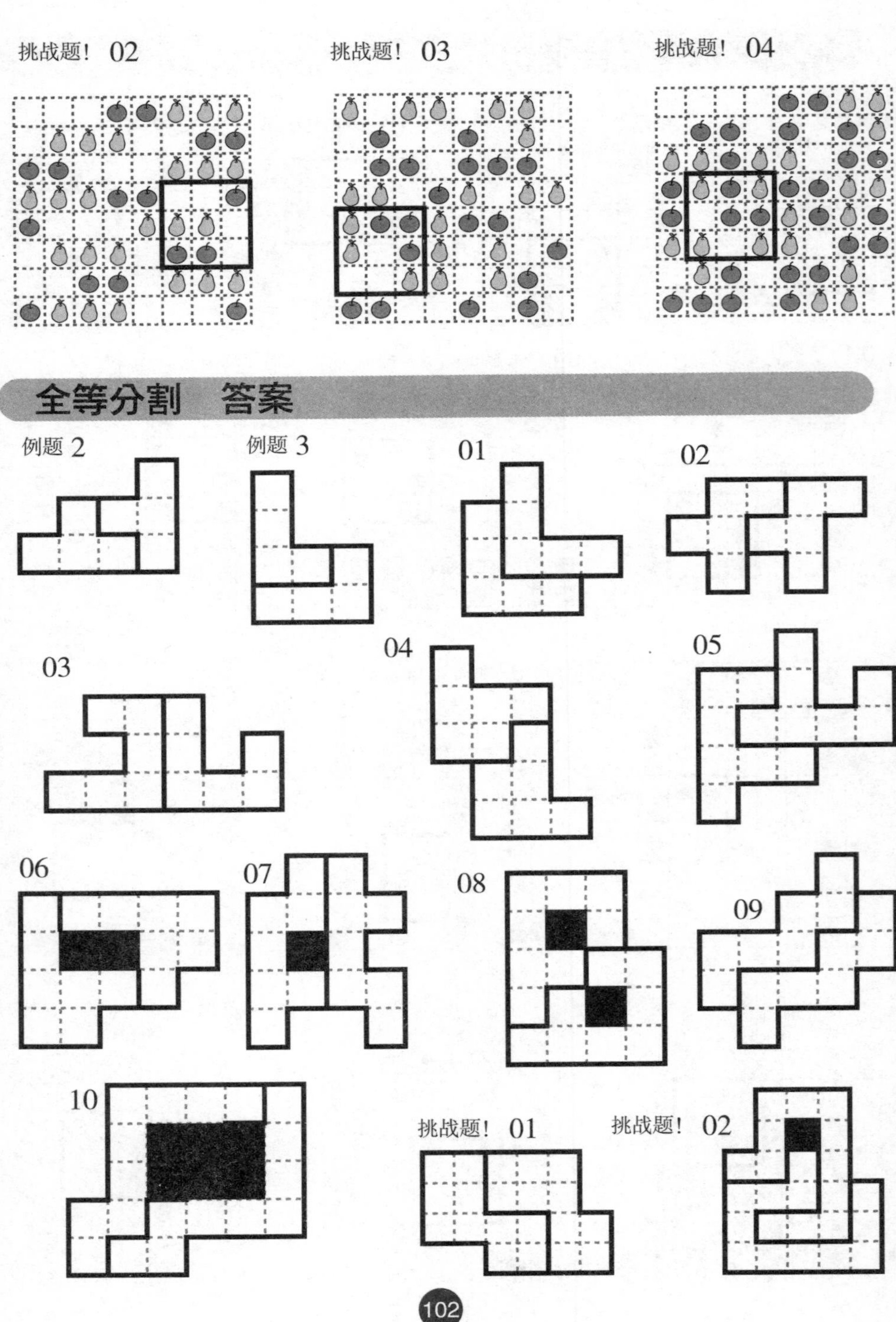

挑战题！ 02
挑战题！ 03
挑战题！ 04
全等分割　答案
例题 2
例题 3
01
02
03
04
05
06
07
08
09
10
挑战题！ 01
挑战题！ 02

挑战题！ 03

挑战题！ 04

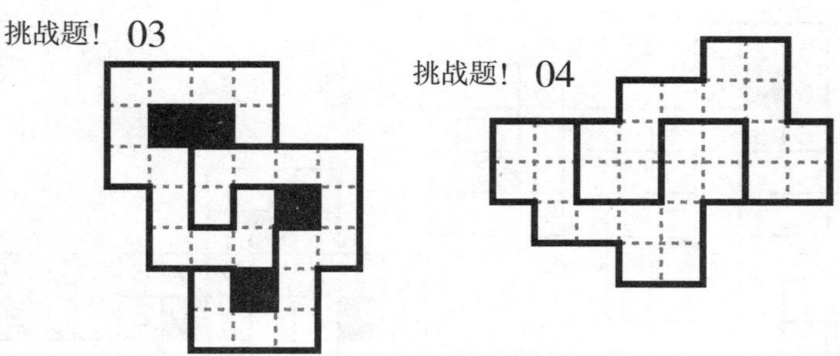

加法数独　答案

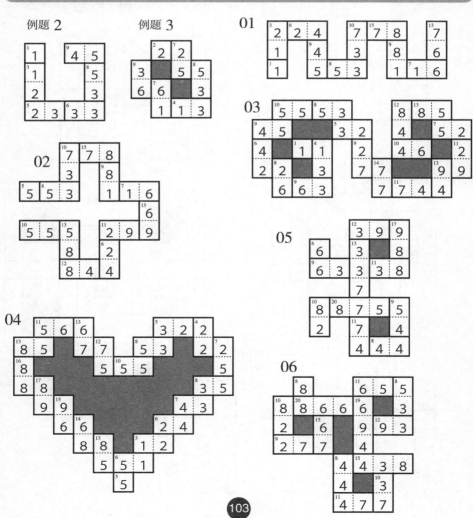

例题 2

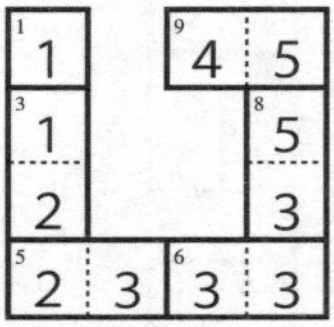

1 | 4 5
1 | 5
2 | 3
2 3 3 3

例题 3

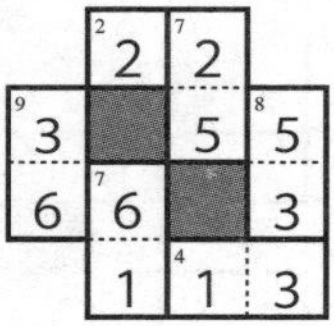

2 2
3 5 5
6 6 3
1 1 3

01

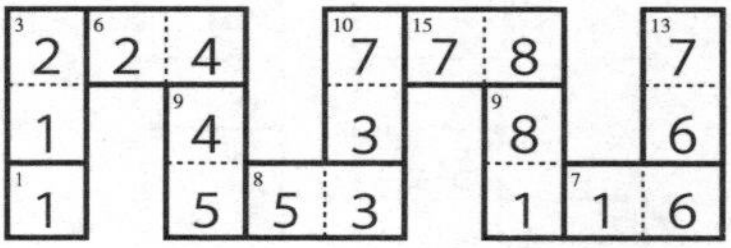

2 2 4 7 7 8 7
1 4 3 8 6
1 5 5 3 1 1 6

02

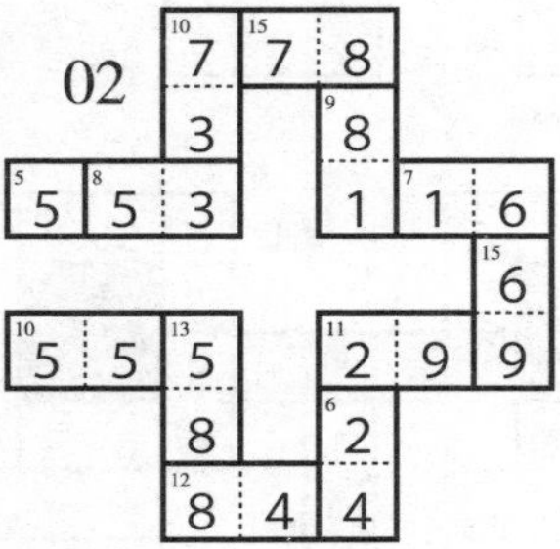

7 7 8
3 8
5 5 3 1 1 6
6
5 5 5 2 9 9
8 2
8 4 4

03

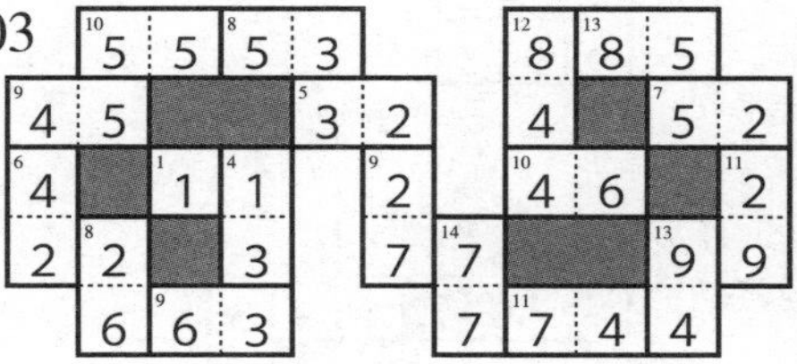

5 5 5 3 8 8 5
4 5 3 2 4 5 2
4 1 1 2 4 6 2
2 2 3 7 7 9 9
6 6 3 7 7 4 4

04

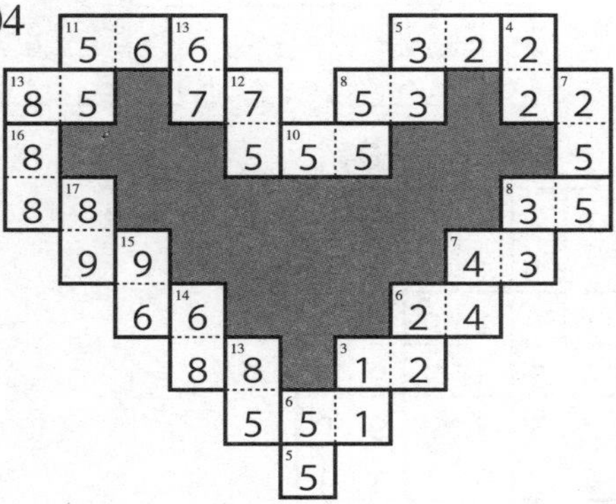

5 6 6 3 2 2
8 5 7 7 5 3 2 2
8 5 5 5 5
8 8 3 5
9 9 4 3
6 6 2 4
8 8 1 2
5 5 1
5

05

3 9 9
6 3 8
6 3 3 3 8
7
8 8 7 5 5
2 7 4
4 4 4

06

8 6 5 5
8 8 6 6 6 3
2 6 9 9 3
2 7 7 4
4 4 3 8
4 3
4 7 7

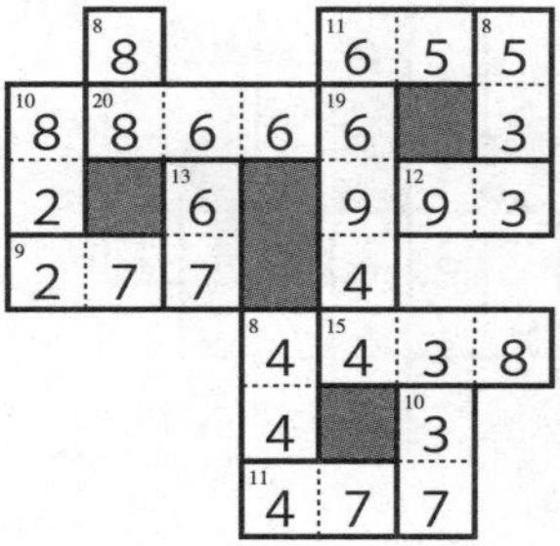

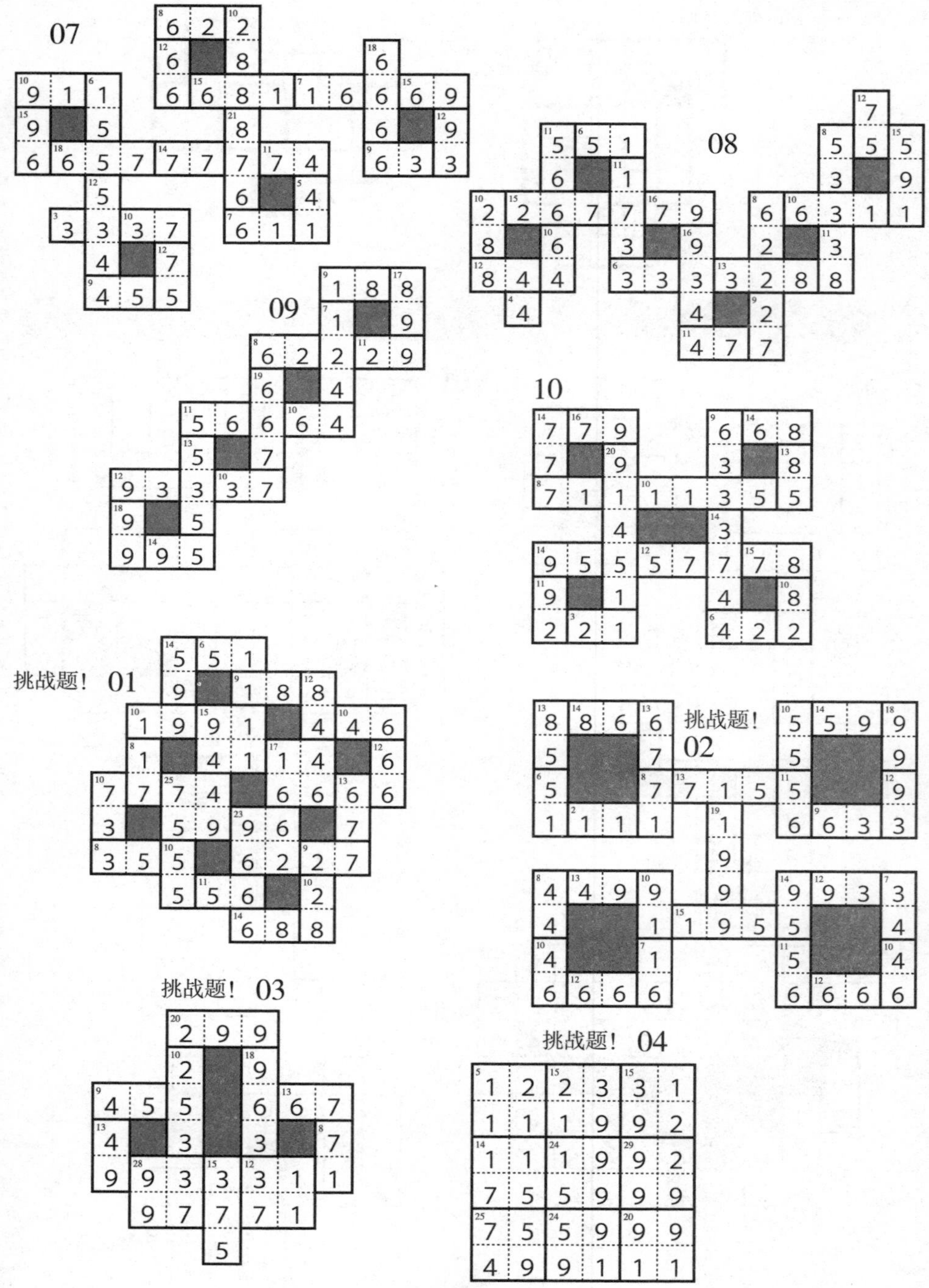
07
08
09
10
挑战题！01
挑战题！02
挑战题！03
挑战题！04

尾数加零运算　答案

例题 2 30 + 7 + 20 = 57

例题 3 4 + 3 + 90 = 97

例题 4 9 + 2 + 50 = 61

例题 5 10 + 20 + 30 = 60

01 30 + 600 + 2 = 632

02 8 + 900 + 40 = 948

03 600 + 5 + 200 = 805

04 40 + 200 + 10 = 250

05 80 + 30 + 400 = 510

06 3 + 10 + 70 + 400 = 483

07 400 + 8 + 200 + 300 = 908

08 100 + 7 + 500 + 2 = 609

09 60 + 90 + 30 + 50 = 230

10 7 + 90 + 600 + 3 = 700

11 400 + 8 + 70 + 30 = 508

12 500 + 200 + 8 + 4 = 712

13 60 + 3 + 8 + 40 = 111

14 10 + 200 + 90 + 60 = 360

15 300 + 8 + 700 + 5 = 1013

16 500 + 7 + 8000 + 4 + 900 = 9411

17 60 + 1000 + 500 + 3000 + 70 = 4630

18 700 + 800 + 50 + 4 + 10 = 1564

19 800 + 3 + 2000 + 500 + 9 = 3312

20 9000 + 1 + 5 + 6 + 80 = 9092

21 9 + 40 + 20 − 8 = 61

22 8 + 60 + 4 − 3 = 69

23 60 + 5 + 30 − 70 = 25

24 10 + 30 + 60 − 80 = 20

25 60 + 70 + 800 − 900 = 30

挑战题！01 40 + 60 − 70 − 10 = 20

挑战题！02 30 + 70 − 4 − 5 = 91

挑战题！03 8 + 40 − 9 − 20 = 19

挑战题！04 100 + 30 − 5 − 70 = 55

挑战题！05 1000 + 3 − 900 − 4 = 99

挑战题！06 40 + 5 − 9 − 8 = 28

挑战题！07 80 + 10 − 3 − 6 = 81

挑战题！08 10 + 90 − 8 − 50 = 42

挑战题！09 60 + 3 − 10 − 5 = 48

挑战题！10 30 + 600 − 500 − 70 = 60

方格分割　答案

例题 2

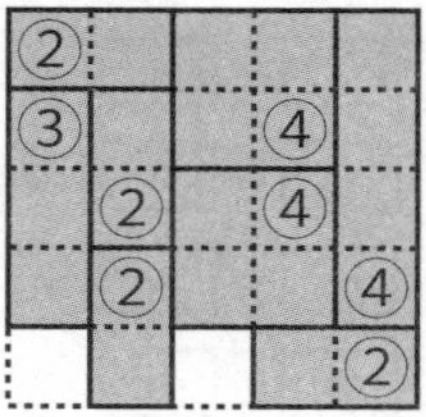

例题 3

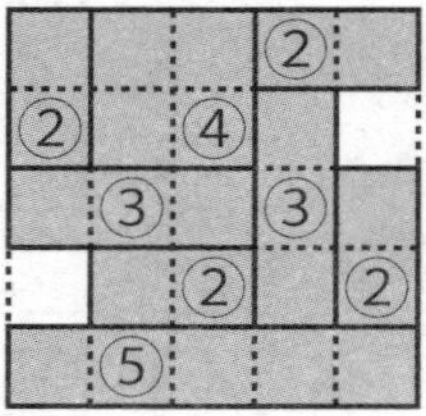

01

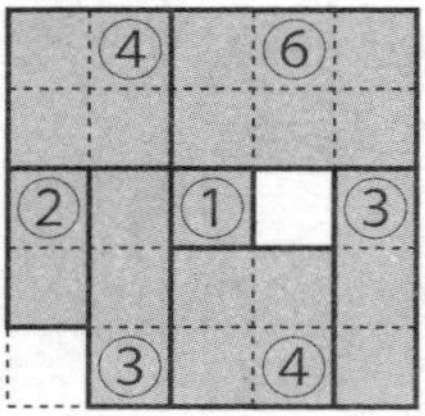

02

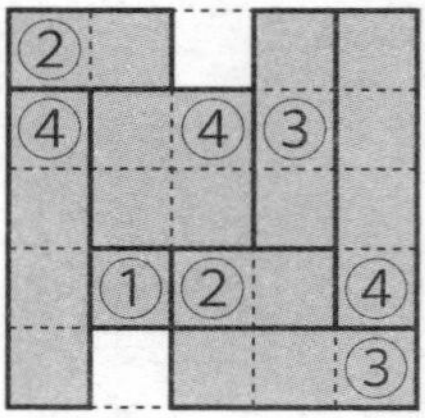

03

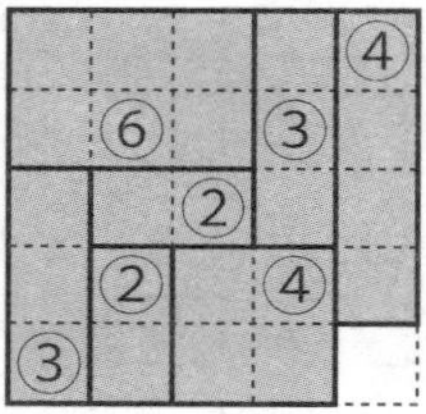

04

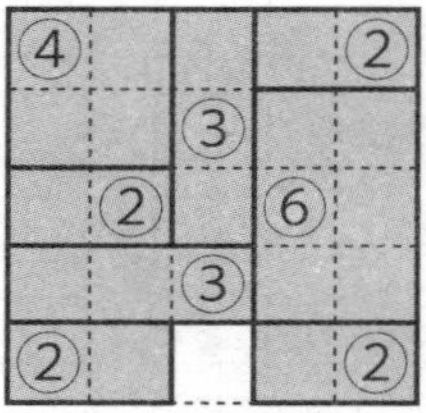

05

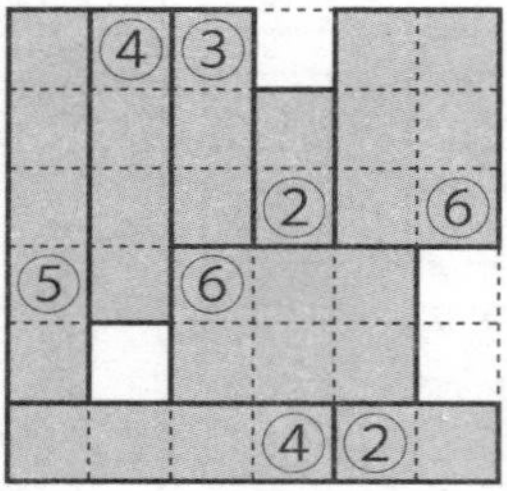

06

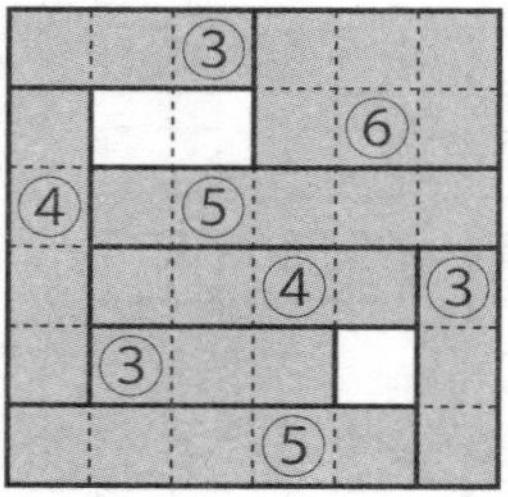

07

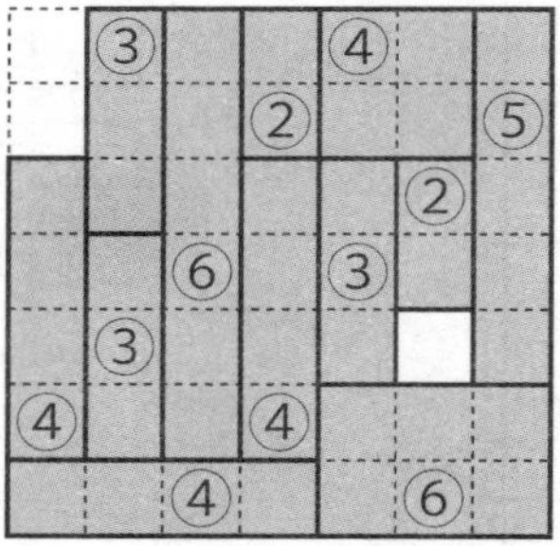

08

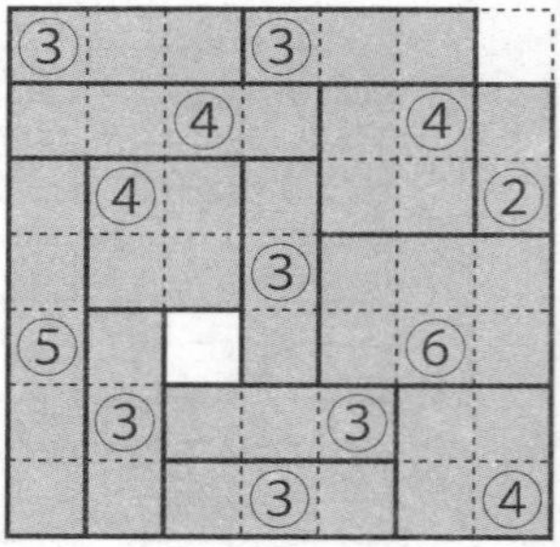

09

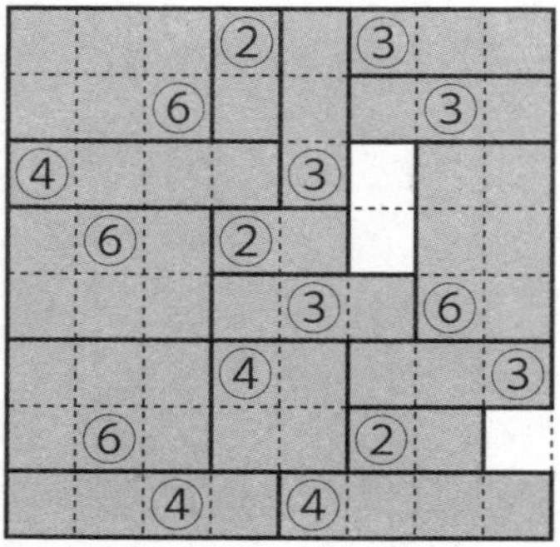

10

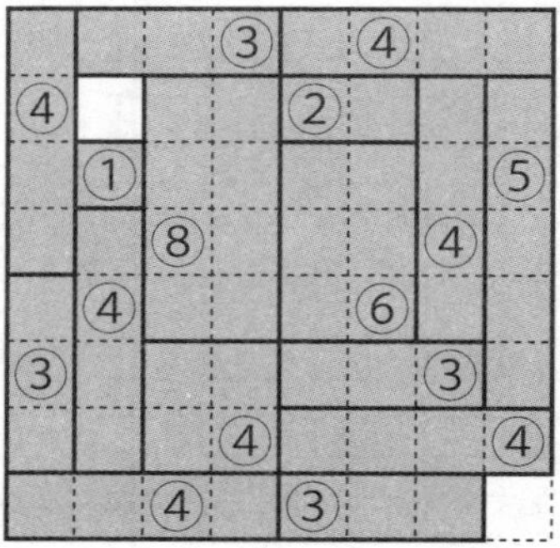

挑战题！ 01

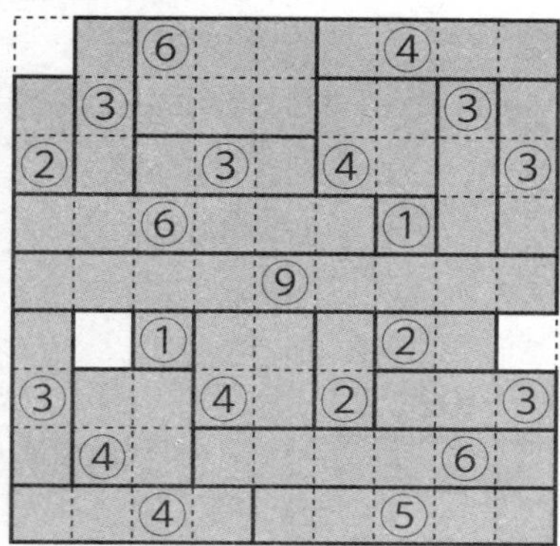

挑战题！ 02

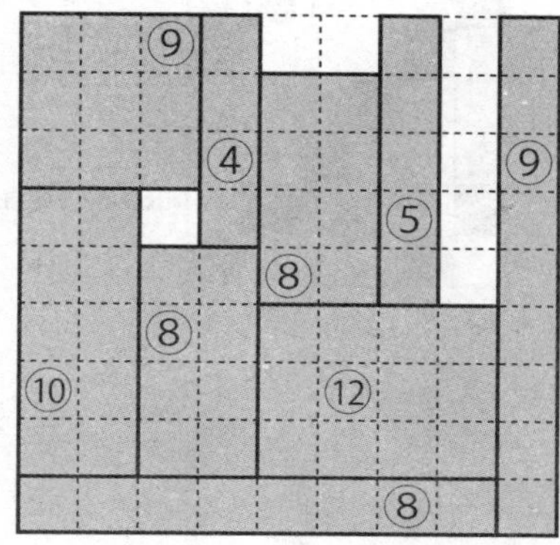

挑战题！ 03

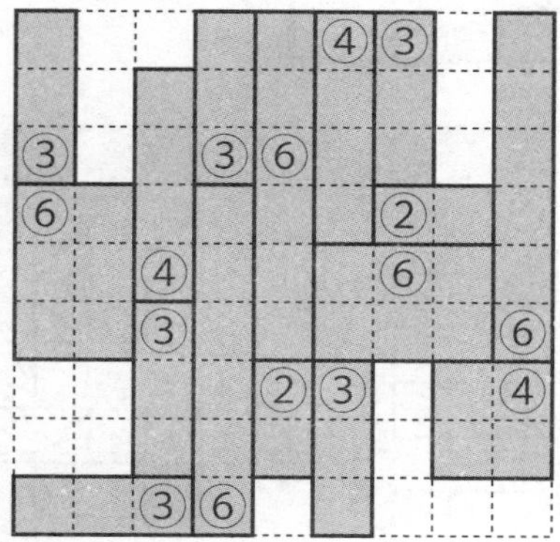

挑战题！ 04

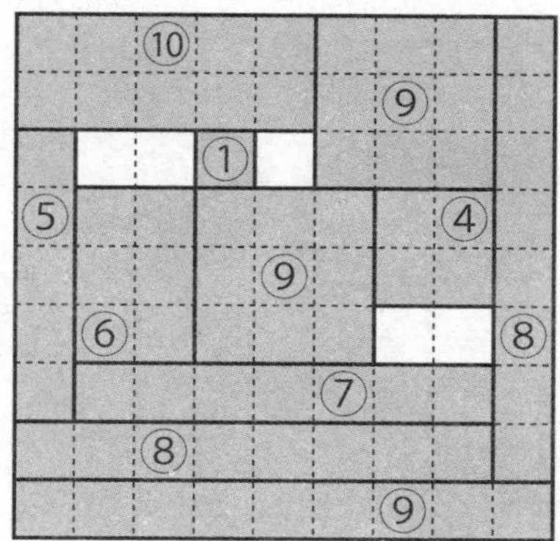

看图找规律　答案

01

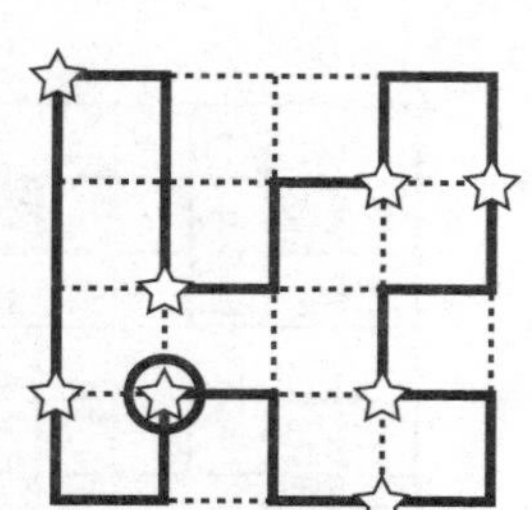

实线上每隔 3 个小方格的边的地方放一个☆。

02　4　数字表示的是☆和数字之间的连线弯折的次数。

03　2　1 代表图形由 1 个小方格组成，2 代表图形由 2 个小方格组成，3 代表图形由 3 个小方格组成。

04

数字表示其所在的小方格上下左右相邻的行列中☆的总数。注意被其他数字隔开的☆不算在内。

05　3　数字表示其所在的小方格的四个角中，由黑色实线构成的折角数量。

06　③　数字表示在由实线框定的图形里，与该数字所在的小方格处在同一行和同一列上的小方格数量。

挑战题！ 01

关于整个图形的中心点呈点对称的小方格上色方式相同。与“？”所在小方格呈点对称的是位于上数第三行和右数第三列的小方格，因此它们的上色方式相同。

挑战题！ 02

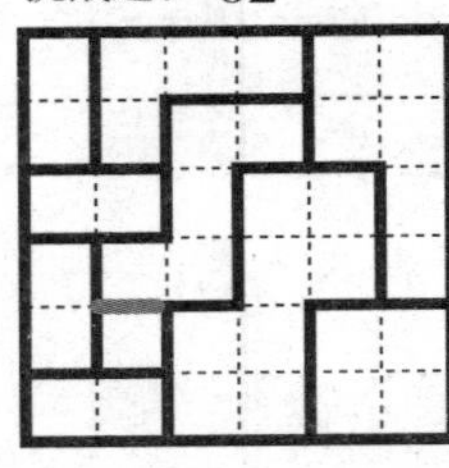

图形内部的墙壁长度都是 2（小方格边长）。

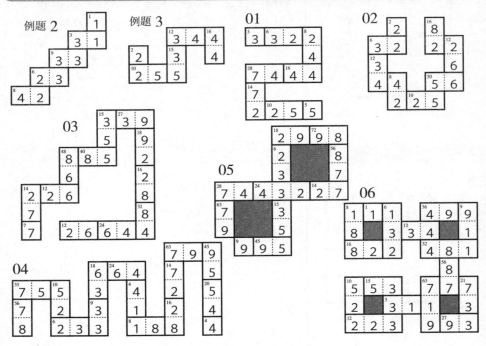

乘法数独　答案

例题 2

例题 3

01

02

03

05

06

04

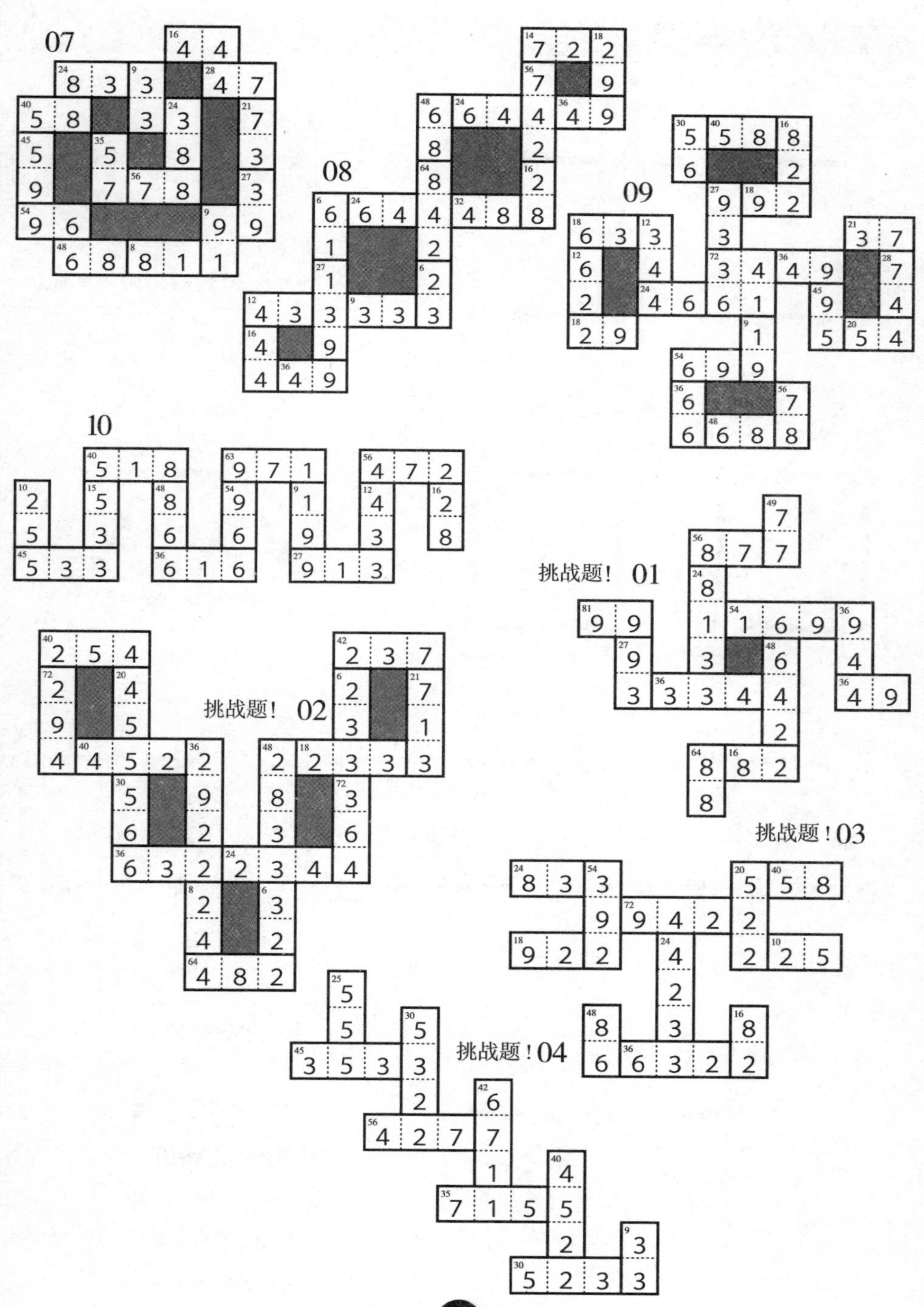

07
08
09
10
挑战题！01
挑战题！02
挑战题！03
挑战题！04

倍数链　答案

例题 2

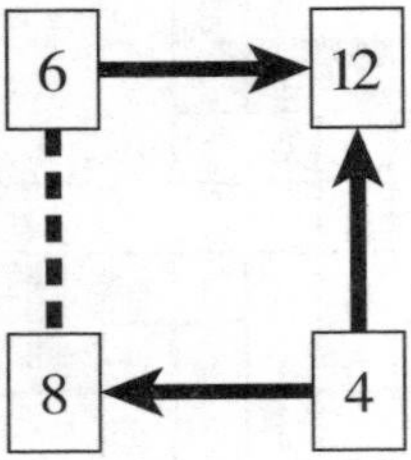

6 → 12
8 4
8 ← 4

例题 3

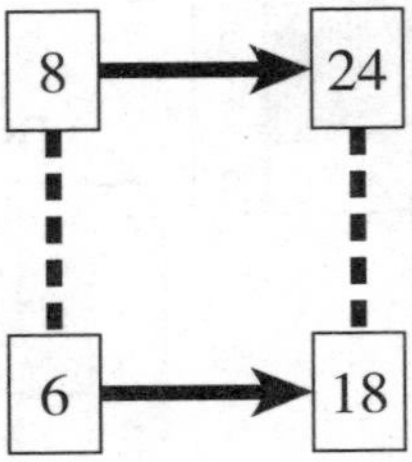

8 → 24
6 → 18

01

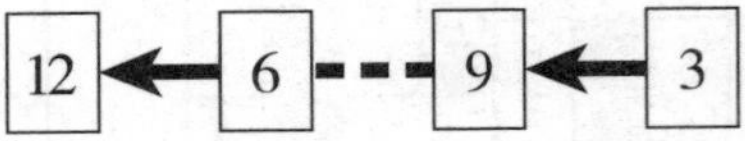

12 ← 6 ---- 9 ← 3

02

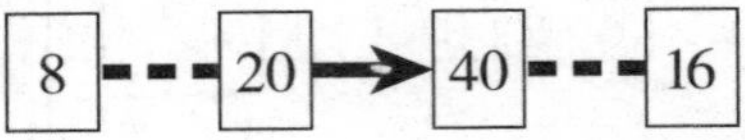

8 ---- 20 → 40 ---- 16

03

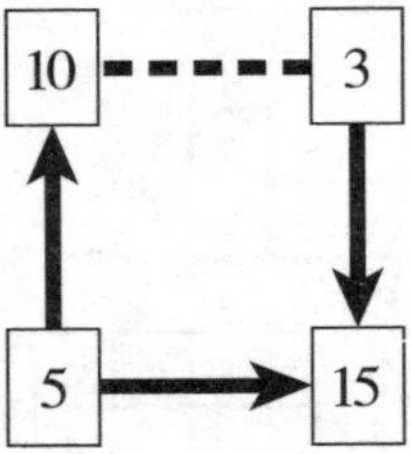

10 ---- 3
5 → 15

04

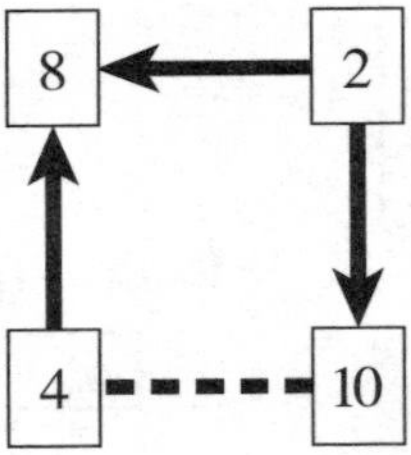

8 ← 2
4 ---- 10

05

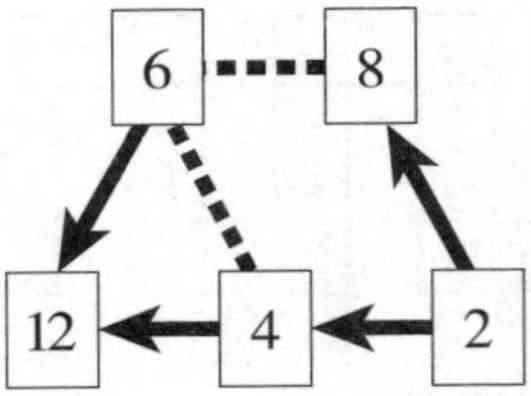

6 ---- 8
12 ← 4 ← 2

06

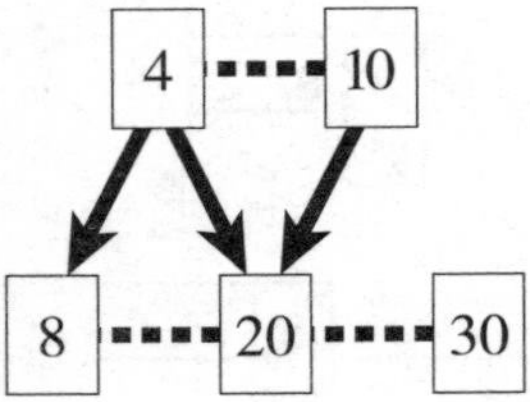

4 ---- 10
8 ---- 20 ---- 30

07

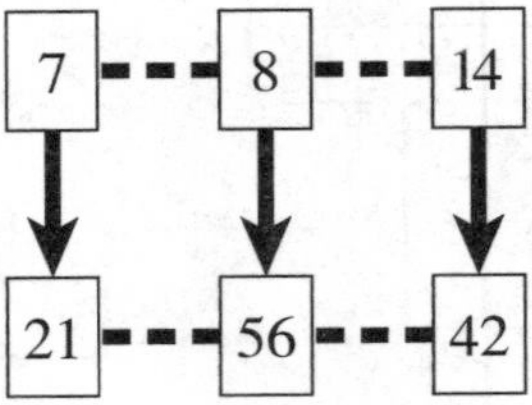

7 ---- 8 ---- 14
21 ---- 56 ---- 42

08

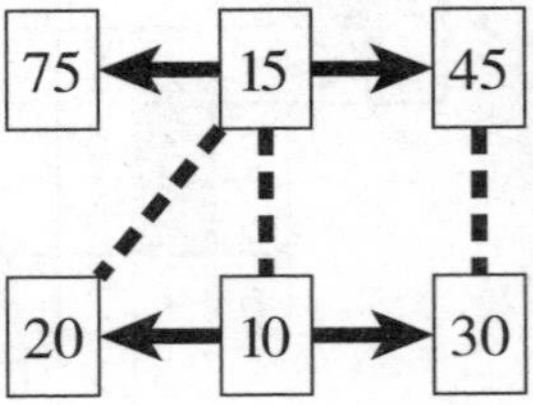

75 ← 15 → 45
20 ← 10 → 30

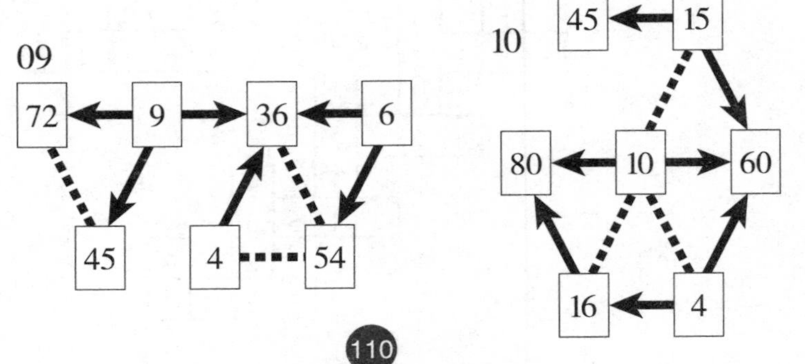

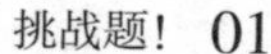

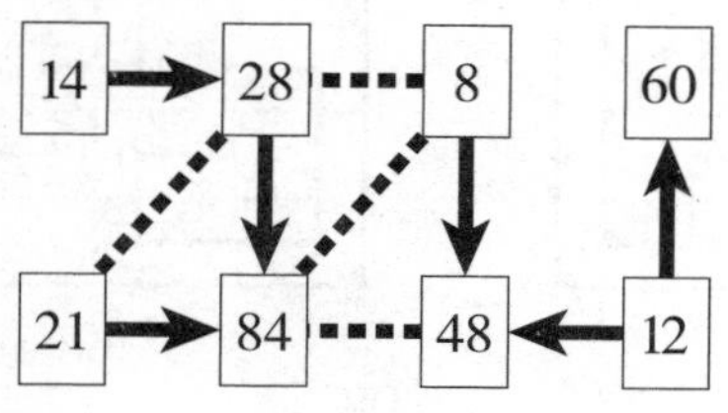

挑战题！ 02

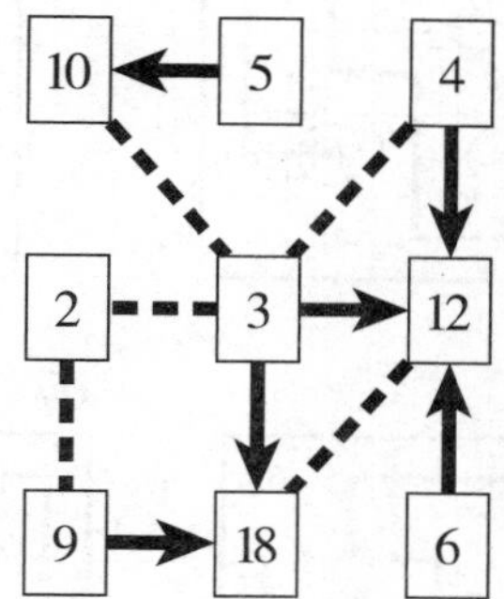

挑战题！ 03

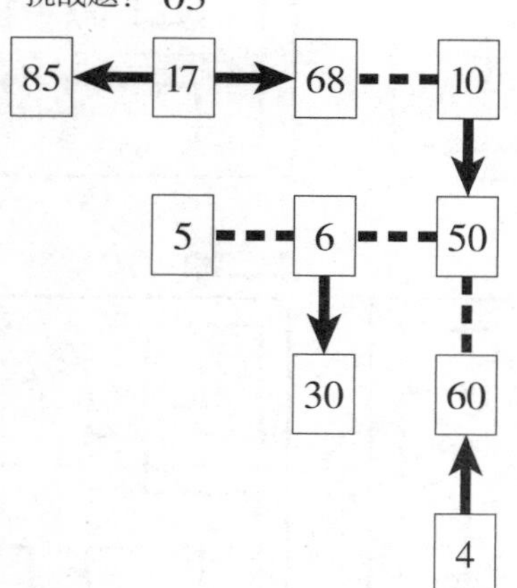

挑战题！ 04

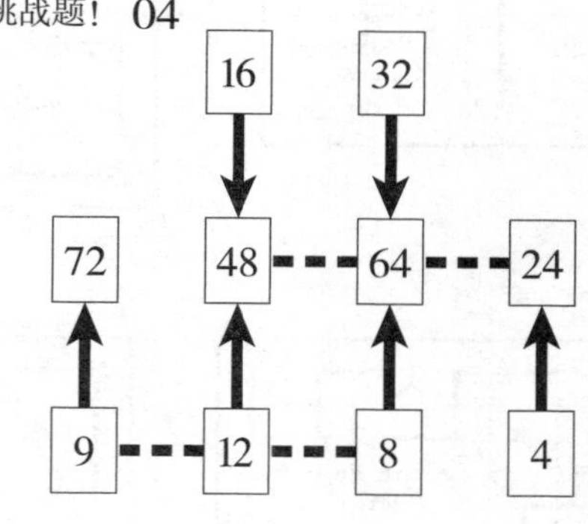

公倍数连线　答案

例题 2

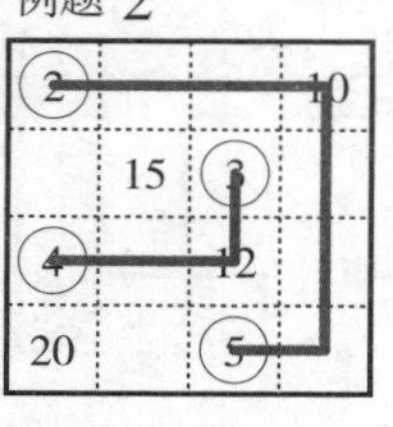

例题 3

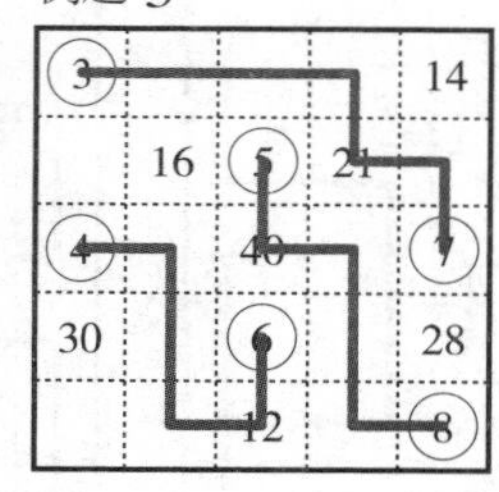

01

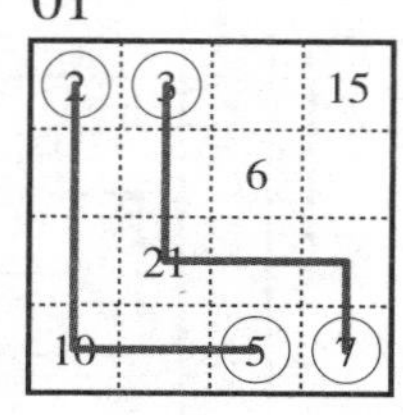

02

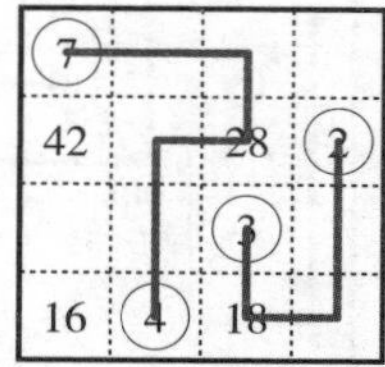

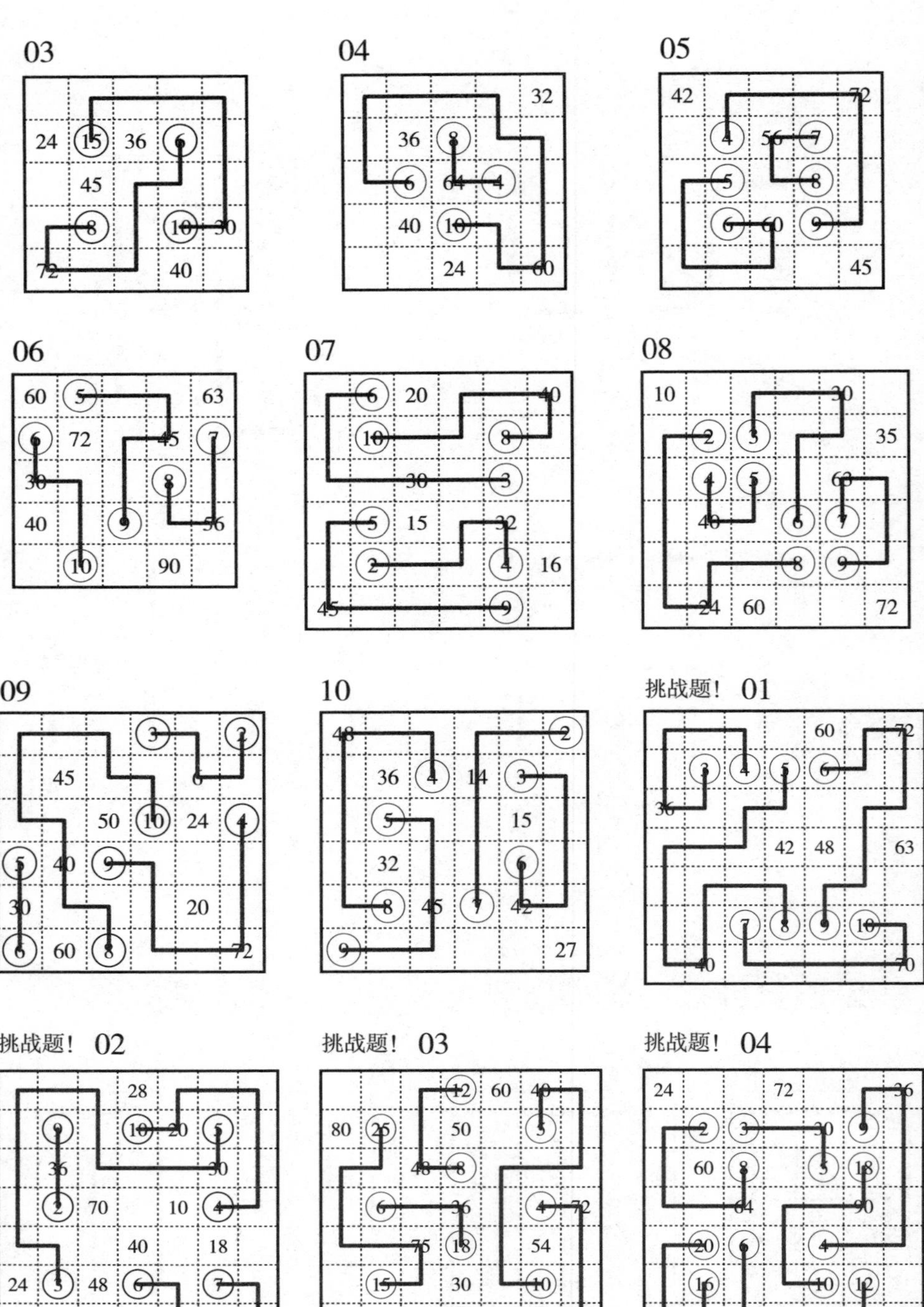
03
24
15
36
6
45
8
10
30
72
40
04
32
36
8
6
64
4
40
10
24
60
05
42
72
4
56
7
5
8
6
60
9
45
06
60
5
63
6
72
45
7
30
8
40
9
56
10
90
07
6
20
40
10
8
30
3
5
15
32
2
4
16
45
9
08
10
30
2
3
35
4
5
63
40
6
7
8
9
24
60
72
09
3
2
45
6
50
10
24
4
5
40
9
30
20
6
60
8
72
10
48
2
36
4
14
3
5
15
32
6
8
45
7
42
9
27
挑战题！ 01
60
72
3
4
5
6
36
42
48
63
7
8
9
10
40
70
挑战题！ 02
28
9
10
20
5
36
30
2
70
10
4
40
18
24
3
48
6
7
21
42
挑战题！ 03
12
60
40
80
25
50
5
48
8
6
36
4
72
75
18
54
15
30
10
90
9
挑战题！ 04
24
72
36
2
3
30
9
60
8
5
18
64
90
20
6
4
16
10
12
80
48
40

立方体面积之谜　答案

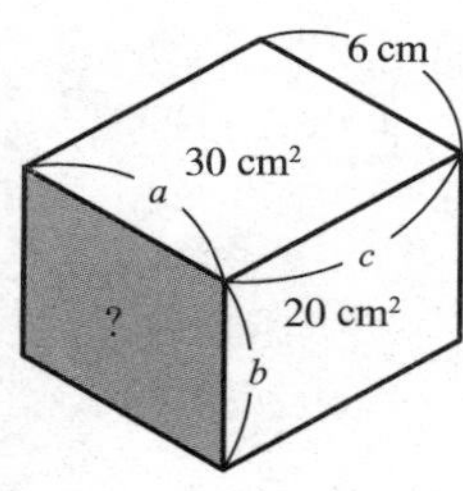

例题 2

a 的长度……30 ÷ 6=5（cm）

b 的长度……20 ÷ 5=4（cm）

c 的长度……6（cm）

“？”处的面积为：6 × 4=24（cm²）

答：24 cm²。

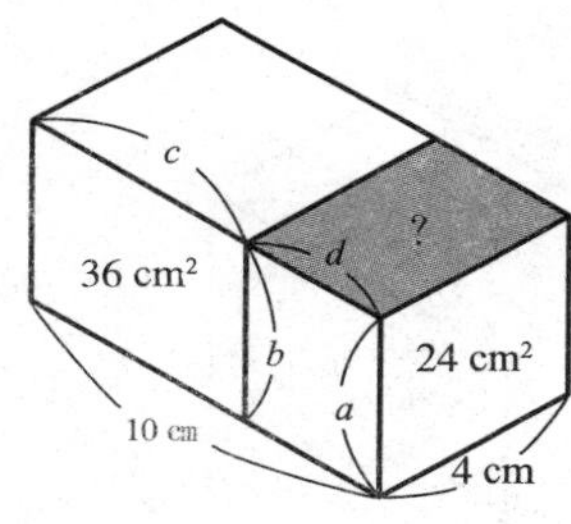

例题 3

a 的长度……24 ÷ 4=6（cm）

b 的长度……等于 a 的长度，为 6cm

c 的长度……36 ÷ 6=6（cm）

d 的长度……10-6=4（cm）

“？”处的面积为：4 × 4=16（cm²）

答：16 cm²。

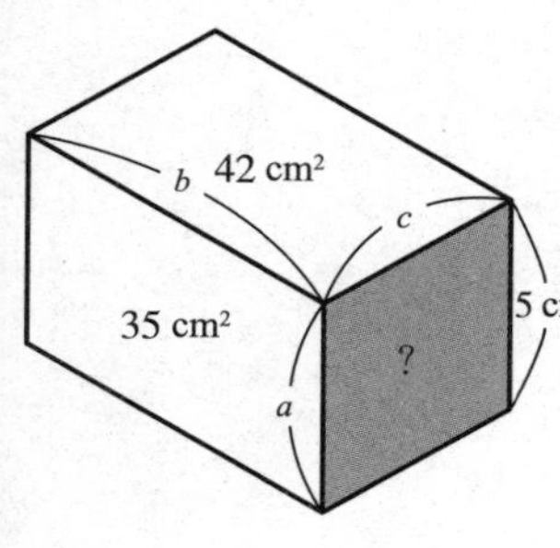

01

a 的长度……5（cm）

b 的长度……35 ÷ 5=7（cm）

c 的长度……42 ÷ 7=6（cm）

“？”处的面积为：6 × 5=30（cm²）

答：30 cm²。

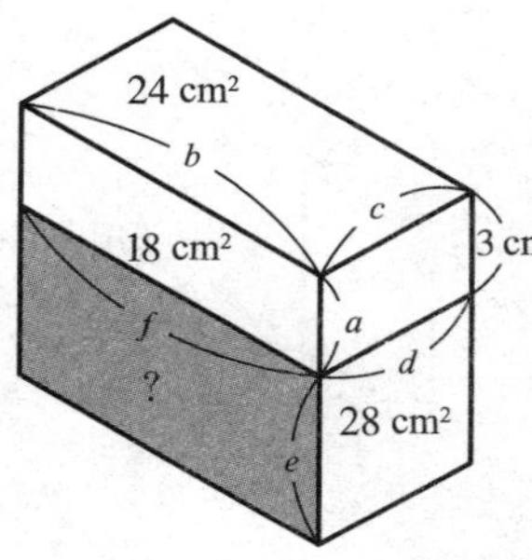

02

a 的长度……3（cm）

b 的长度……18 ÷ 3=6（cm）

c 的长度……24 ÷ 6=4（cm）

d 的长度……等于 c 的长度为 4cm

e 的长度……28 ÷ 4=7（cm）

f 的长度……等于 b 的长度为 6cm

“？”处的面积为：6 × 7=42（cm²）

答：42 cm²。

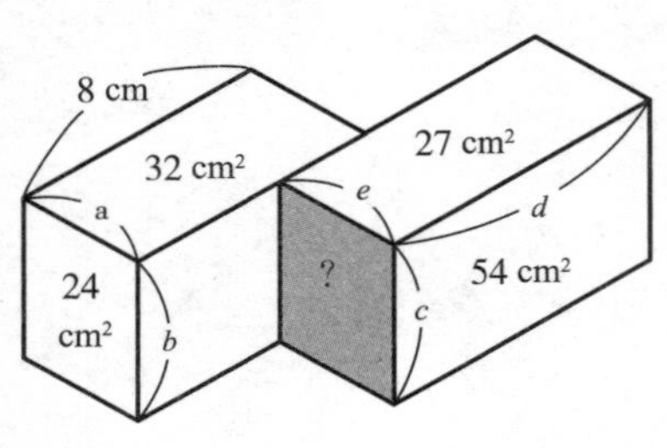

03

a 的长度……32 ÷ 8=4（cm）

b 的长度……24 ÷ 4=6（cm）

c 的长度……和 b 相等，6cm

d 的长度……54 ÷ 6=9（cm）

e 的长度……27 ÷ 9=3（cm）

"？"处的面积为：3 × 6=18（cm^2）

答：18 cm^2。

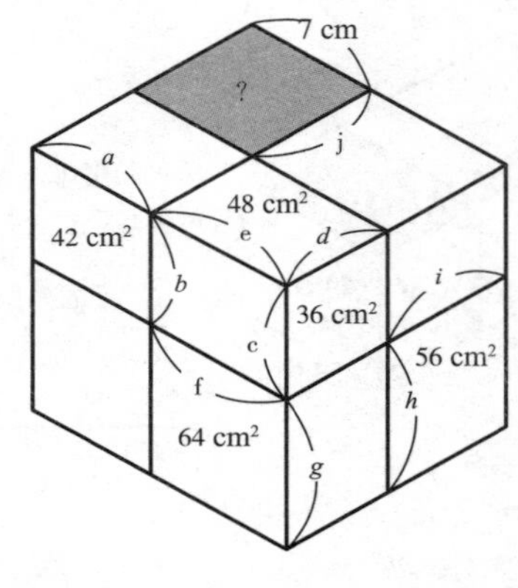

04

a 的长度……7（cm）

b 的长度……42 ÷ 7=6（cm）

c 的长度……和 b 相等，6cm

d 的长度……36 ÷ 6=6（cm）

e 的长度……48 ÷ 6=8（cm）

f 的长度……和 e 相等，8cm

g 的长度……64 ÷ 8=8（cm）

h 的长度……和 g 相等，8cm

i 的长度……56 ÷ 8=7（cm）

j 的长度……和 i 相等，7cm

"？"处的面积为：7 × 7=49（cm^2）

答：49 cm^2。

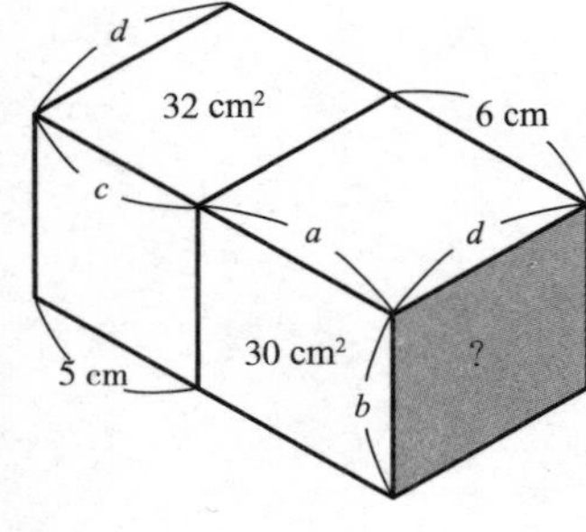

05

a 的长度……6（cm）

b 的长度……30 ÷ 6=5（cm）

c 的长度……5（cm）

因为 5 × d 的长度 =32（cm^2）

所以"？"处的面积为：32（cm^2）

答：32 cm^2。

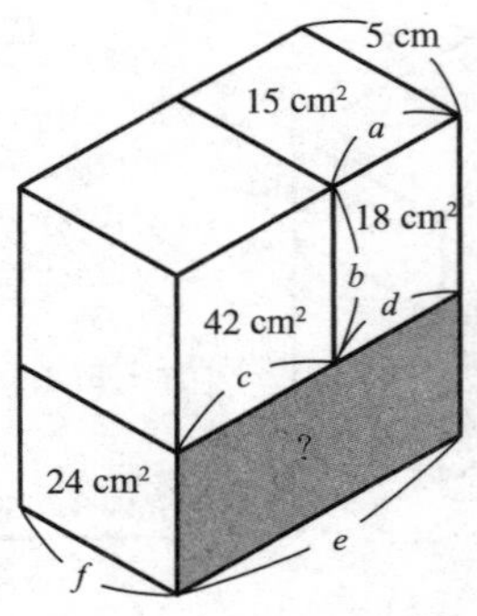

06

a 的长度……15 ÷ 5=3（cm）

b 的长度……18 ÷ 3=6（cm）

c 的长度……42 ÷ 6=7（cm）

d 的长度……和 a 相同，为 3cm

e 的长度……7+3=10（cm）

f 的长度……5（cm）

因为 e 的长度是 f 的两倍

所以"？"处的面积为: 24 × 2=48（cm^2）

答：48 cm^2。

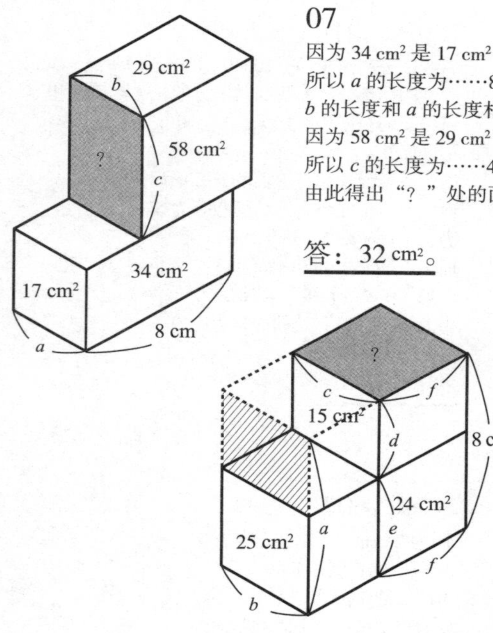

07

因为 34 cm² 是 17 cm² 的 2 倍

所以 a 的长度为……8 ÷ 2=4（cm）

b 的长度和 a 的长度相等，为 4cm

因为 58 cm² 是 29 cm² 的 2 倍

所以 c 的长度为……4 × 2=8（cm）

由此得出“？”处的面积为：4 × 8=32（cm²）

答：32 cm²。

08

a 的长度……8（cm）

斜线部分的面积为 15 cm²

b 的长度……（15+25）÷ 8=5（cm）

c 的长度……和 b 相等，为 5 cm

d 的长度……15 ÷ 5=3（cm）

e 的长度……8−3=5（cm）

因为 5 × f 边长度 =24（cm²）

所以“？”处的面积为：24（cm²）

答：24 cm²。

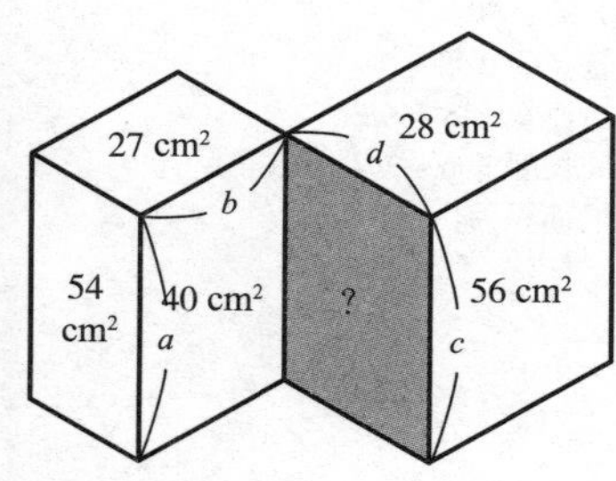

09

因为 54 cm² 是 27 cm² 的 2 倍

所以 a 的长度是 b 的 2 倍

因为 56 cm² 是 28 cm² 的 2 倍

所以 c 的长度是 d 的 2 倍

因为 a 和 c 长度相等

所以 b 和 d 长度相等

因为 a 的长度 × b 的长度 =40（cm²）

所以 c 的长度 × d 的长度 =40（cm²）

由此得出“？”处的面积为：40（cm²）

答：40 cm²。

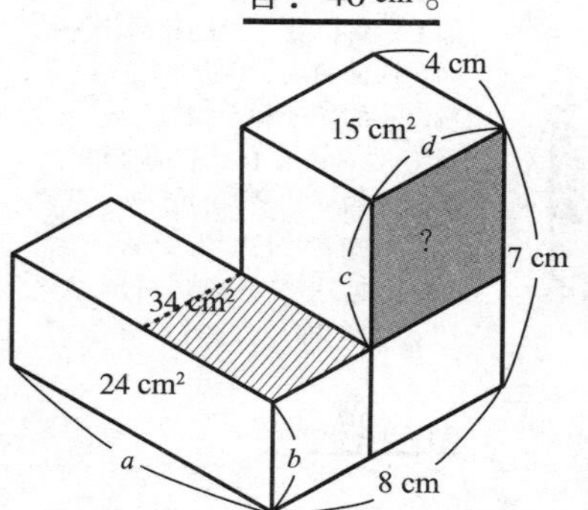

10

斜线部分的面积为……4 × 8−15=17（cm²）

因为 34 cm² 是斜线部分面积的 2 倍

所以 a 的长度为：4 × 2=8（cm）

b 的长度……24 ÷ 8=3（cm）

c 的长度……7−3=4（cm）

因为 4 × d 边长度 =15（cm²）

由此得出“？”处的面积为：15（cm²）

答：15 cm²。

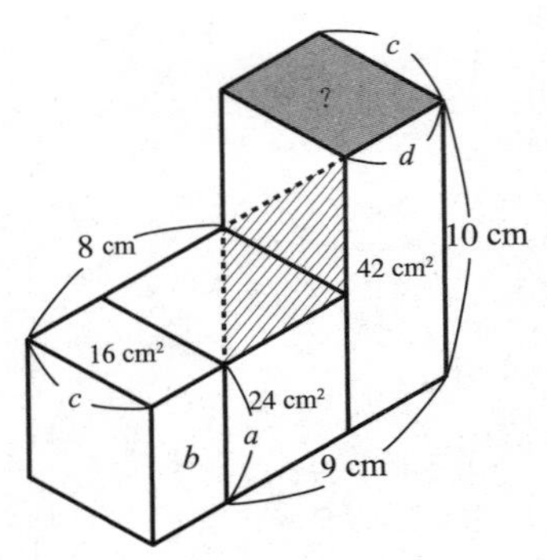

挑战题！ 01

斜线部分的面积……$10\times9-(42+24)=24$（cm²）
因为阴影部分的面积和其下方的长方形面积相等
所以 a 的长度……$10\div2=5$（cm）
b 的面积为：$8\times5-24=16$（cm²）
因为 b 的面积和其上面的长方形面积相等
所以 c 的长度和 a 的长度相等为 5cm
因为 10 cm 是 5 cm 的 2 倍，
而 $10\times d$ 的长度 = 42（cm²）
所以 $5\times d$ 的长度 = $42\div2=21$（cm²）
由此得出“？”处的面积为：21（cm²）

答：21cm²。

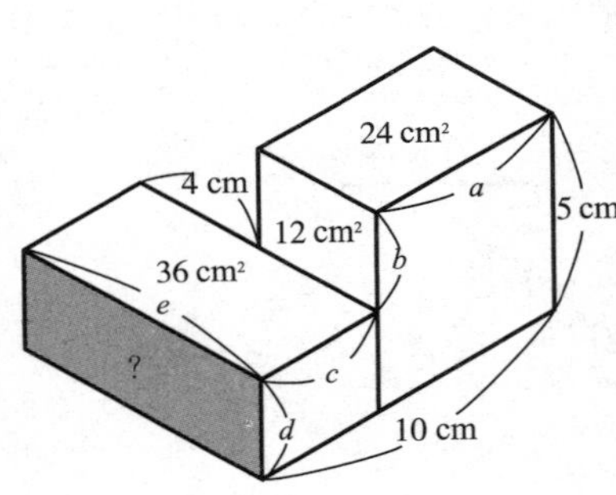

挑战题！ 02

因为 24 cm² 是 12 cm² 的 2 倍
所以 a 的长度是 b 的 2 倍
10 cm 是 5 cm 的 2 倍
c 的长度……10 cm−a 的长度
d 的长度……5 cm−b 的长度
由此可知 c 的长度是 d 的 2 倍
因为 c 的长度 $\times e$ 的长度 =36（cm²）
所以 d 的长度 $\times e$ 的长度 $=36\div2=18$（cm²）
由此得出“？”处的面积为：18（cm²）

答：18 cm²。

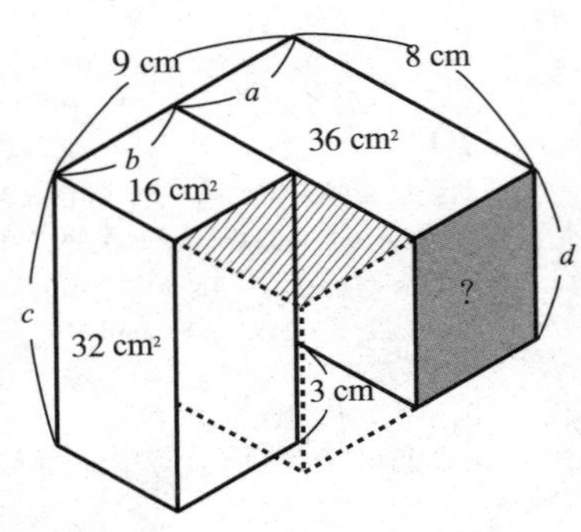

挑战题！ 03

加上阴影部分上面的总面积为：$8\times9=72$（cm²）
因为该面积为 36 cm² 的 2 倍
所以 a 的长度和 b 相等
因为 32 cm² 是 16 cm² 的 2 倍
所以 c 的长度是 b 的 2 倍
由此可知 c 的长度为 9 cm
d 的长度……$9-3=6$（cm）
“？”处的面积为：$6\times9\div2=27$（cm²）

答：27 cm²。

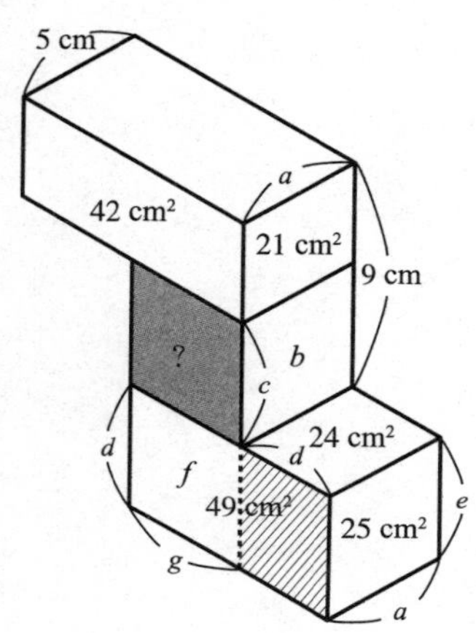

挑战题！ 04

a 的长度……5（cm）

b 的面积为：$5\times9-21=24$（cm²）

因为 b 的面积和下面长方形的面积相等

所以 c 的长度和 d 相等

e 的长度……$25\div5=5$（cm）

因为 5 cm $\times\, d$ 的长度 =24（cm²）

所以斜线部分的面积为 24（cm²）

f 的面积为：$49-24=25$（cm²）

g 的长度……$25\div5=5$（cm）

5 cm $\times\, c$ 的长度与 b 的面积相等为：24（cm²）

"？"处的面积为：24（cm²）

答：24 cm²。